オイラーの難問に学ぶ微分方程式

高瀬正仁［著］

Studying Differential Equations Through Euler's Difficult Problems

共立出版

まえがき

オイラーの積分計算

40 年の昔，オイラーの著作『積分計算教程』（全 3 巻）をはじめて手にしたとき，大きな戸惑いを覚えて名状しがたい心情に襲われたことが，今もありありと思い出されます．なぜなら，全 3 巻を合せて軽々と 1600 頁を凌駕しようとするこの巨大な著作は，積分という呼び名から連想されるあれこれのこと，たとえば曲線の弧長，曲線で囲まれた領域の面積，それに曲面で囲まれた立体の体積の算出のような話題はどこにも見られなかったからでした．目に映じるのはいたるところ微分方程式ばかりというありさまで，オイラーは微分方程式の解法手順を指して積分計算と呼んでいるのでした．微分方程式を解くという営為が「積分する」ということのすべてであり，積分の計算を遂行して微分方程式の解が得られたなら，それが微分方程式の「積分」です．まったく不思議な光景でした．

微分方程式というものの姿がまた異様でした．今日の語法では微分方程式というのは未知関数の導関数が含まれている関数等式のことで，その未知関数を探索することを指して微分方程式を解くと言い表しています．ところがオイラーのいう微分方程式はだいぶ様子が違います．変化量 $x, y, \ldots$ の微分 dx, $dy, \ldots; d^2x, d^2y, \ldots$ が単独で意味をもって活動し，微分方程式の解を求めると関数が見つかることもありますが，一般に手に入るのは諸変化量を相互に連繫する関係式です．アーベルは今日の楕円関数論への道を開いた論文「楕円関数研究」（1827–28 年）の序文の冒頭に

$$\frac{dx}{\sqrt{\alpha+\beta x+\gamma x^2+\delta x^3+\varepsilon x^4}}+\frac{dy}{\sqrt{\alpha+\beta y+\gamma y^2+\delta y^3+\varepsilon y^4}}=0$$

という，レムニスケート曲線に由来する形の微分方程式を掲げ，楕円関数論の最初のアイデアは，このタイプの微分方程式が代数的に積分可能であるこ

とを証明する際に，不滅のオイラーによって与えられたという言葉を書き添えました．実際，オイラーははじめ

$$\frac{dx}{\sqrt{1-x^4}}+\frac{dy}{\sqrt{1-y^4}}=0$$

という形の微分方程式の解の探索に成功し，一般解

$$x^2+y^2+c^2x^2y^2=c^2+2xy\sqrt{1-c^4}\quad (c\text{ は定数})$$

を書き下しました．それからさらに歩を進め，アーベルが紹介したような非常に一般的な形の微分方程式へと及んでいます．二つの微分 dx と dy は当初から切り離されていて，しかも探索されている解は関数ではなく，二つの変化量 x, y を連繫する代数的な関係式です．そこでアーベルはその解を指して，オイラーとともに代数的積分という名で呼んだのでした．

微分方程式の解は関数の形をとることもありますが，一般に諸変化量の関係を記述する関係式であることに留意しておきたいと思います．

平方根関数をめぐって

オイラーは数学に関数概念を導入した最初の人物ですが，オイラーのいう関数には今日の関数のように 1 価性が課されているわけではなく，一般に多価性が含意されています．代数関数は有限多価関数であり，対数関数や逆三角関数は無限多価関数の仲間です．そのうえ，対数関数 $\log x$ と平方根関数 $\sqrt{x}$ において，変化量 x のとる値を正と限定するようなこともありません．

変化量 x の平方根関数 $\sqrt{x}$ というのは，その平方が x になる変化量 y，言い換えると，等式

$$y^2=x$$

を満たす変化量 y のことです．x の値が指定されたとき，対応する y の値は一般に二つ存在しますから，平方根関数 $y=\sqrt{x}$ は 2 価関数です．x の値の正負は問うところではありませんし，虚数さえ除外されません．指定された x の値が 0 のときだけが例外で，その場合には対応する y の値は 0 のみになります．

$\sqrt{x}$ の表す二つの値は符号が異なるだけで，加えると 0 になります．それらの二つの値が単一の記号 $\sqrt{x}$ で表されるのですから，平方根を開く際に平

方根記号の前に正負の符号「±」を添える必要はありませんが，ときおり二つの値を区別して表記したいことがあります．たとえば，分数式 $\frac{1}{x^2-2}$ の部分分数展開を記述する等式

$$\frac{1}{x^2-2}=\frac{1}{2\sqrt{2}}\left(\frac{1}{x-\sqrt{2}}-\frac{1}{x+\sqrt{2}}\right)$$

では，$\sqrt{2}$ として「自乗すると 2 になる二つの数」のうちの一方が選ばれています．その場合，正の数のほうを選ぶのが通常の姿です．オイラーもこの習慣に従っています．

平方数の平方根，たとえば $\sqrt{4}$ という記号は $+2$ と -2 という正と負の二つの数を表していますが，習慣に従って正のほうのみを採用して $\sqrt{4}=2$ と表記することもあります．

一般的な場合を想定し，a は 0 ではない数として分数式 $\frac{1}{x^2-a}$ を部分分数に展開して等式

$$\frac{1}{x^2-a}=\frac{1}{2\sqrt{a}}\left(\frac{1}{x-\sqrt{a}}-\frac{1}{x+\sqrt{a}}\right)$$

を書く場合，$\sqrt{a}$ として「自乗すると a になる二つの数」のうちのどちらか一方が選択されています．選択にあたって，a が正の数であれば，$\sqrt{a}$ が表す正負の数のうち正のほうを選ぶという取り決めが可能ですが，a が負の数や虚数の場合には明確な選定の基準はありません．オイラーがそうしているように，正負の符号を添えて一方を $+\sqrt{a}$，他方を $-\sqrt{a}$ と表記するのはよい方法ですが，$\sqrt{a}$ と $+\sqrt{a}$ が同じものに見えて混乱することがありがちです．

対数関数とは

対数関数というのは，その微分が微分式 $\frac{dx}{x}$ になる変化量，言い換えると，等式

$$dy=\frac{dx}{x}$$

を満たす変化量 y のことで，オイラーはこれを積分記号を用いて

$$y=\int\frac{dx}{x}$$

と表記しました．ここでもまた x のとりうる値の正負が問われることはあり

ません．対数関数のひとつを $\log x$ と表記すると，C は定数として，$\log x + C$ もまた対数関数です．

指定された x に対応する $y = \log x$ の値は無数に存在しますが，-1 の平方根 $\sqrt{-1}$ が表す二つの値のうちの一方を今日の語法にならって $i = \sqrt{-1}$ と表示することにすると，$\log x$ のとりうる無数の値のどの二つの差も $2\pi i$ の整数倍になります．これを言い換えると，どれかしら 1 個の値を任意に選んで，それを

$$\operatorname{Log} x$$

と表記すると，他のすべての値は，n を整数として

$$\operatorname{Log} x + 2n\pi i$$

という形に表されるということにほかなりません．また，これらの値の各々に πi を加えると $\operatorname{Log} x + (2n+1)\pi i$ という形の無数の値が生じますが，これらは全体として関数 $\log(-x)$ の取りうる値を与えています．それゆえ，この意味において等式

$$\log(-x) = \log x + \pi i$$

が成立することに留意しておきたいと思います．

微分計算に移ると，$\log x$ も $\log(-x)$ も同一の微分をもち，

$$d\log(-x) = d\log x = \frac{dx}{x}$$

という等式が成立します．それゆえ，積分計算の場では，定数差を考慮に入れなければ $\log(-x)$ と $\log x$ は区別されません．本書でもときおりそのような場面で出会います．

逆正接関数は逆三角関数の一例ですが，変化量 x の逆正接関数は，等式

$$\tan y = x$$

を満たす変化量 y のことと規定されます．オイラーはこれを Arc.tang.x もしくは Ang.tang.x と表記していますが，本書では高木貞治先生の著作『解析概論』の流儀にならって，

$$y = \arctan x$$

と書き表すことにしました．この関数も無限多価関数ですが，その微分は

$$dy = \frac{dx}{1+x^2}$$

と算出されますから，オイラーの流儀にならって積分記号を用いれば，C を定数として，

$$\arctan x + C = \int \frac{dx}{1+x^2}$$

と表示されます．逆正弦関数 $\arcsin x$ や逆余弦関数 $\arccos x$ についても事情は同様です．

自由闊達な計算を楽しむ

関数の本来の姿は多価性において現れます．オイラーは 1 価性に拘泥するようなことはありませんし，負数の対数や負数の平方根が虚数値をとるという現象もありのままに受け入れました．その自然な姿勢が積分計算の現場に無限の自由を与えています．

オイラーは微分方程式をさまざまなタイプに分類し，それぞれに適合する大量の具体例を配列しました．それらの中にはライプニッツとベルヌーイ兄弟（兄のヤコブと弟のヨハン）の逆接線法の影響が感知されるものや，リッカチの微分方程式のように先人の工夫に由来するものもありますが，大半はオイラー自身が考案したものばかりで，おもしろい形の微分方程式が目白押しに並んでいて飽きることがありません．中でも「デカルトの葉」とよばれる代数曲線に取材したと思われる常微分方程式

$$x^3 + \left(\frac{dy}{dx}\right)^3 = ax\frac{dy}{dx} \quad \text{（第 I 部，問題 4.1）}$$

と，偏微分方程式

$$\left(\frac{\partial z}{\partial x}\right)^3 + x^3 = 3\left(\frac{\partial z}{\partial x}\right)\left(\frac{\partial z}{\partial y}\right)x \quad \text{（第 II 部，問題 2.6）}$$

の印象はめざましく，一段と深い感慨を誘います．広大さと深遠さにおいて比類のない微分方程式論の源泉が，こうして西欧近代の数学史に忽然と出現しました．本書は泉の全容の概観には及びえず，一端を垣間見るだけにとどまりましたが，微分方程式論の原型がここにあることを伝えたい心情に誘わ

れるままに祖述につとめました.

前もって語っておきたいことはほかにもありますが, 足りない説明は問題を解き進めながらおいおい書き添えていくことにしたいと思います. 自由闊達なオイラーの計算を楽しみながら, 微分方程式の森に分け入ってほしいと願っています. 読者の健闘を祈ります.

平成 30 年（2018 年）6 月

高瀬正仁

【凡例】

・本書に収録した問題では微分方程式のみが提示されているが，どの問題でも解を求めることが要請されている．「解を求めよ」という文言は省略した．

・単に数および量といえば，特に断らない限り，つねに実数および実量を意味する．変化量はつねに実変化量，すなわち実数値のみをとりながら変化する量である．

・定量とは，「一貫して同一の値を保持し続けるという性質をもつ，明確に定められた量のことをいう」（オイラー『無限解析序説』第 1 巻より）．「このような定量というのは，任意の種類の数のことにほかならない」（同上）．変化量とは，「一般にあらゆる定値をその中の包摂している不定量，言い換えると，普遍的な性格を備えている量のことをいう」（同上）．

・変数と変化量について．今日の微積分が「変数とその関数の微分と積分」の世界であるのに対し，オイラーの無限解析に充満しているのは「変化量とその微分」である．「変数」ではなく「変化量」であり，変化量の原語は quantitas variabilis である．オイラーの時代から遠ざかるにつれて変化量という言葉は次第に使われなくなり，代って「変数」が前面に押し出されるようになった．本書の主題はオイラーの微分方程式であるから，どこまでも「変化量」で押し通すのが本来の姿だが，「変数」の一語が密着して切り離しがたい述語を形作っているために徹しきれない場合もある．たとえば，「変数変換」，「変数分離型の微分方程式」などという場合の「変数」がこれに該当する．それゆえ，本書では「変化量」を基本とするとともに，「変数」も適宜使用することにする．

・オイラーの語法では定量と定数は同じものであるから，特に厳密に使い分ける必要はない．

【微分計算の規則】

微分計算とは，変化量 x に対してその微分と呼ばれる無限小変化量 dx を算出する計算のことで，ライプニッツが発見した規則に沿って行われる．その規則は次のとおり．

1° $da = 0$（a は定量．定量の微分は 0．）

2° $d(x+y) = dx + dy$（x, y は変化量．変化量の和の微分は微分の和．）

3° $d(xy) = y\,dx + x\,dy$（x, y は変化量．変化量の積の微分の計算規則．ライプニッツの公式という呼称が相応しい．）

【よく使われる微分式の積分の一覧表】

微分式とその積分（オイラーによる定義）

変化量 x の微分式とは，X は x の関数として，$X\,dx$ という形の式のことをいう．微分式 $X\,dx$ の積分とは，等式 $dy = X\,dx$ を満たす変化量 y のことである．オイラーはこれを

$$y = \int X\,dx$$

と表記した．

微分式 $X\,dx$ の積分は無数に存在するが，同一の微分式の二つの積分の差は定数である．したがって，ひとつの積分 y が見つかったなら，すべての積分は $y + C$（C は定数）という形の式に包摂される．このような定数 C は積分定数と呼ばれることがある．本書でもときおりこの呼称を採用する．

本書に頻繁に登場するいくつかの微分式の積分を列挙する（積分定数は省略する）．

(1) $\displaystyle\int \frac{dx}{1+x^2} = \arctan x$

(2) $\displaystyle\int \frac{dx}{(1+x^2)^{\frac{3}{2}}} = \frac{x}{\sqrt{1+x^2}}$

(3) $\displaystyle\int \frac{dx}{a^2-x^2} = \frac{1}{2a}\int\left(\frac{1}{a+x} + \frac{1}{a-x}\right)dx = \frac{1}{2a}\log\frac{a+x}{a-x}$

(4) $\displaystyle\int \frac{dx}{\sqrt{1+x^2}} = \log\left(x + \sqrt{1+x^2}\right)$

（確認）

新しい変数

$$t = x + \sqrt{1+x^2}$$

を導入する．x について解くと，

$$x = \frac{t^2 - 1}{2t}.$$

両辺の微分を作ると，等式

$$dx = \frac{1 + t^2}{2t^2}\, dt$$

が得られる．また，

$$\sqrt{1 + x^2} = t - x = t - \frac{t^2 - 1}{2t} = \frac{1 + t^2}{2t}.$$

これらを集めると，

$$\int \frac{dx}{\sqrt{1 + x^2}} = \int \frac{2t}{1 + t^2} \times \frac{1 + t^2}{2t^2}\, dt = \int dt = \log t = \log\left(x + \sqrt{1 + x^2}\right)$$

となる．

(5) $\displaystyle \int \sqrt{1 + x^2}\, dx = \frac{1}{2} x\sqrt{1 + x^2} + \frac{1}{2} \log\left(x + \sqrt{1 + x^2}\right)$

(確認)

変数 $t = x + \sqrt{1 + x^2}$ を導入して計算を進めると，

$$\begin{aligned}
\int \sqrt{1 + x^2}\, dx &= \int \frac{t^2 + 1}{2t} \cdot \frac{t^2 + 1}{2t^2}\, dt = \frac{1}{4} \int \frac{t^4 + 2t^2 + 1}{t^3}\, dt \\
&= \frac{1}{4} \int \left(t + \frac{2}{t} + \frac{1}{t^3}\right) dt = \frac{1}{4} \left(\frac{1}{2} t^2 + 2\log t - \frac{1}{2t^2}\right) \\
&= \frac{1}{8} \left(t^2 - \frac{1}{t^2}\right) + \frac{1}{2} \log t.
\end{aligned}$$

ここで，

$$\frac{1}{t} = \sqrt{1 + x^2} - x.$$

よって，

$$t^2 - \frac{1}{t^2} = \left(\sqrt{1 + x^2} + x\right)^2 - \left(\sqrt{1 + x^2} - x\right)^2 = 4x\sqrt{1 + x^2}.$$

積分の計算を続けると，

$$\int \sqrt{1 + x^2}\, dx = \frac{1}{2} x\sqrt{1 + x^2} + \frac{1}{2} \log\left(x + \sqrt{1 + x^2}\right)$$

となる．

(6) $\displaystyle\int \frac{dx}{\sqrt{x^2-1}} = \log\left(x+\sqrt{x^2-1}\right)$

（確認）

$t = x + \sqrt{x^2-1}$ と置いて計算を進める．

$$x = \frac{t^2+1}{2t}, \quad dx = \frac{t^2-1}{2t^2}\,dt, \quad \sqrt{x^2-1} = t - x = \frac{t^2-1}{2t}.$$

これらを代入して計算を進めると，

$$\int \frac{dx}{\sqrt{x^2-1}} = \log(x+\sqrt{x^2-1})$$

と算出される．

目　次

序　論
微分方程式とは何か

微積分の泉

今日の数学でいう微分積分学の源泉と見られる領域を，オイラーは無限解析という名で呼びならわして，おびただしい数の論文を書き続けるとともに3冊の大きな著作を刊行した．順を追って書名を挙げると，まず『無限解析序説』（全2巻．1748年），次に『微分計算教程』（全1巻．1755年），それから『積分計算教程』（全3巻．第1巻は1768年，第2巻は1769年，第3巻は1770年刊行）と続いていく．オイラーは1707年にスイスのバーゼルに生れ

図 0.1　レオンハルト・オイラー

た人であるから，『無限解析序説』が刊行された1748年には41歳，『微分計算教程』が刊行された1755年には48歳．『積分計算教程』の刊行が始まった1768年にはすでに60代である．三部作のどれも大きな著作だが，わけても全3巻で編成されている『積分計算教程』の浩瀚なことは一段と際立っている．実際，どの巻も，数式と文字が敷き詰められた頁が500頁を軽々とこえるのである（図0.2，0.3，0.4）．

三部作の構成を見ると，第1作『無限解析序説』では何よりも先に巻頭で関数の概念が導入され，引き続きさまざまな関数の諸性質が明るみに出されていく．オイラーは関数概念を異なる3通りの言葉で語ったが，『無限解析序説』で語られたのは「解析的な表示式」で，これが第1の関数である．変化量yが「変化量xといくつかの定量を用いて組み立てられる解析的な表示式」であるとき，yをxの関数というのである．それゆえ，関数もまた一個の変化量である．解析的表示式というものの姿を描写する一般的もしくは抽象的な文言はないが，関数概念は解析学の対象として語られているのであるから，xの関数と呼ばれる変化量yの形に応じて，その微分dyの計算が遂行される．その導出の方法を指して，微分計算という言葉が用いられるのであり，まさしく第2作『微分計算教程』の主題である．

『積分計算教程』に実際に登場する関数を顧みると，

代数関数
指数関数
対数関数
三角関数（正弦関数，余弦関数，正接関数）
逆三角関数（逆正弦関数，逆余弦関数，逆正接関数）

など，今日の微積分で親しまれている関数が出揃っている．オイラーはこれらの関数のそれぞれを一個の変化量と見て，その微分計算の手順を解き明かしていった．無限解析の根底に関数概念を据え，基礎理論に続いて関数の微分法へと歩を進め，それから第3作『積分計算教程』で積分法に及ぶという構えは今日の微積分のテキストの構成と同じであり，この点に目を留めるだけでもオイラーの三部作は優に微積分の原型でありうるであろう．

だが，外形の類似性とは裏腹に，第3作『積分計算教程』はいかにも異色である．なぜなら，この長大な作品では曲線の弧長も領域の面積も立体の体積も語られず，隅から隅までひたすら微分方程式論に捧げられているからである．

積分計算

『積分計算教程』の第 1 巻の序文に「定義 1」が配置され，積分計算とは何かという問いに答えている．

> 積分計算というのは，いくつかの変化量の微分の間の与えられた関係から，それらの量の関係を見つけ出す方法のことである．それを達成する手順は**積分**という名で呼ばれる慣わしになっている．

積分計算は微分計算の逆演算であることが示唆されているが，続く「派生的言明 1」に移ると，この点がいっそう明瞭になる．

> 微分計算は，いくつかの変化量の間の与えられた関係から，（それらの変化量の各々の）微分の間の関係を教えるのであるから，積分計算はその逆の方法を与えてくれるのである．

オイラーは「積分計算は微分計算の逆演算である」ことを強調したかったのである．関数概念を導入すると，与えられた変化量から新たな変化量を組立てる道が指し示されて，微分式が構成される．次に挙げるのは「定義 2」の全文である．

> 変化量 x の関数の微分は $X\,dx$ という形をもつ．そこで X は x の関数として，そのような形の微分 $X\,dx$ が提示されたとき，その微分が $X\,dx$ に等しくなるような関数のことを［微分 $X\,dx$ の］積分と呼び，前方に記号 $\int$ を付けて明示する習慣になっている．したがって
>
> $$\int X\,dx$$
>
> は，「その微分が $X\,dx$ になるという性質を備えた変化量」を表す．

$X\,dx$ という形の微分を微分式と呼ぶのもオイラーの語法である．オイラーの積分計算の対象は「関数 X」ではなく，「微分式 $X\,dx$」であることに留意しておきたいと思う．また，微分式の積分はただひとつとは限らない．これ

INSTITVTIONVM CALCVLI INTEGRALIS

VOLVMEN PRIMVM

IN QVO METHODVS INTEGRANDI A PRIMIS PRINCIPIIS VSQVE AD INTEGRATIONEM AEQVATIONVM DIFFERENTIALIVM PRIMI GRADVS PERTRACTATVR.

AVCTORE

LEONHARDO EVLERO

ACAD. SCIENT. BORVSSIAE DIRECTORE VICENNALI ET SOCIO ACAD. PETROP. PARISIN. ET LONDIN.

PETROPOLI

Impenſis Academiae Imperialis Scientiarum

1768.

図 0.2 『積分計算教程』第 1 巻表紙

は定量の微分が 0 になるという事実に起因する現象である．もう少し言い添えると，微分式 $X\,dx$ の積分 y が見つかったとすると，C は任意の定数とするとき，$y+C$ もまた同じ微分式の積分である．なぜなら，微分計算の規則により，等式

$$d(y+C) = dy + dC = dy = X\,dx$$

が成立するからである．

定数 C は任意であるから，微分式の積分は無数に存在するが，二つの積分の差はつねに定数である．そこで微分式 $X\,dx$ の積分を表記するには，ひとつの特定の積分 y と任意定数 C を組み合わせて，一般に $y+C$ という形を採用する．オイラーの指示にそって積分記号を用いると，等式

$$\int X\,dx = y + C$$

を書くことになる．定数 C には今日の微積分の語法でいう積分定数の名が相応しい．

微分方程式とその解

ここまでのところで積分という言葉が 2 通りの意味で用いられた．ひとつの「積分」は「微分式の積分」である．もうひとつは「積分計算」という場合の「積分」であり，「いくつかの変化量の微分の間の与えられた関係」から「それらの量の関係を見つけ出す方法」である．「いくつかの変化量の微分の間の関係」が与えられたなら，それが**微分方程式**（原語は aequatio differentialis）なのであり，「それらの量の関係」とは微分方程式の解のことにほかならない．それゆえ，積分計算とは**微分方程式の解法**と同じ意味になる．

この流儀に沿えば，「微分方程式を解く」という代りに「微分方程式を積分する」という言い方も許されるし，微分方程式の解を指して「微分方程式の積分」と呼ぶのも理にかなっている．どれもオイラーの語法である．

このような二通りの「積分」は相互に無関係というわけではないが，注意深く識別して使い分けなければならない場合もある．

変数分離型の微分方程式というのは，X は x のみの関数，Y は y のみの関数として，

$$X\,dx = Y\,dy$$

という形の微分方程式のことである．この型の微分方程式は両辺の微分式の積分を作ることにより解が求められる．変数分離型の微分方程式は微分方程式の範型であり，一般の微分方程式の解法にあたり，変数分離型の微分方程式に帰着させる手立てを工夫することがめざされる．微分式の積分が微分方程式の解法の基礎になるのはそのためである．

微分方程式の分類

あらためて『積分計算教程』の全体を顧みると，もっとも基本的な事柄は，**『積分計算教程』のテーマは微分方程式の解法である**という事実である．全体は「前の書物 (Liber prior)」と「後の書物 (Liber posterior)」に大きく二分されている．「前の書物」のテーマは常微分方程式であり，『積分計算教程』の第 1 巻と第 2 巻がこれに該当する．「後の書物」のテーマは偏微分方程式で，『積分計算教程』の第 3 巻がこれに割り当てられている．ただし，オイラーは変化量の個数に応じて別個に論じているだけで，常微分方程式，偏微分方程式という呼称が使われているわけではない．

常微分方程式と偏微分方程式という区分けのほかにもうひとつ，階数による分類も行われる．そこでオイラーは「前の書物」と「後の書物」のそれぞれにおいて，階数 1 の微分方程式から出発して高い階数の微分方程式へと漸次移行していった．全体の構造は今日の微分方程式のテキストと大きく変るところはなく，オイラーが提案した構成様式がそのまま今日に継承されているのである．

オイラーの『積分計算教程』には微分方程式の原石が隅々まで敷き詰められている．オイラーが取り上げたむずかしい微分方程式の事例のひとつひとつに理解を深めていけば，今日の微分方程式論の基礎理論などもかえって容易に諒解されるのではないかと思う．

階数 1 の常微分方程式

常微分方程式について，オイラーはまず

> いくつかの 1 階微分の間の何らかの与えられた関係から，1 個の変化量の関数を見つける方法．

LEONHARDI EVLERI

INSTITVTIONVM

CALCVLI INTEGRALIS

VOLVMEN SECVNDVM

IN QVO METHODVS INVENIENDI FVNCTIONES VNIVS VARIABILIS EX DATA RELATIONE DIFFERENTIALIVM SECVNDI ALTIORISVE GRADVS PERTRACTATVR.

Editio altera et correctior.

PETROPOLI

Impenſis Academiae Imperialis Scientiarum

1792.

図 0.3 『積分計算教程』第 2 巻表紙（1792 年版）

と規定し，次に，

> いくつかの2階もしくは高階微分の間のある与えられた関係から，1個の変化量の関数を見つける方法が探究される．

と歩むべき道筋を明らかにした．変化量 x の微分 dx を「x の階数1の微分」と見て，次々と「微分の微分」を作っていくと，x の階数2の微分 d^2x，階数3の微分 $d^3x, \ldots$ が生じる．2個の変化量 x, y に限定して考えていくと，それらの1階微分 dx, dy の間に何らかの関係式が与えられたなら，それが階数1の微分方程式であり，その関係式を生成する力を備えた x, y の関係式が見出だされたなら，それは提示された微分方程式の解の名に相応しい．その関係式を通じて，x は y の関数として認識され，y は x の関数として認識されるであろう．だが，ここで問題になるのは dx と dy を連繫する関係式というものの形状である．

ある1階微分方程式が与えられたとして，その解として x, y を結ぶ方程式

$$f(x, y) = 0$$

が見出だされたとする．この方程式に微分計算を適用すると，

$$A\,dx + B\,dy = 0$$

という形の微分方程式が生じる．ここで，A, B は x, y の関数である．この場合，二つの微分 dx, dy の比

$$p = \frac{dy}{dx}$$

は1次方程式

$$A + Bp = 0$$

の根として認識される．

$A\,dx + B\,dy = 0$ という形の微分方程式はもっとも基本的な1階常微分方程式である．たとえば，本書の問題1.1で取り上げる微分方程式

$$dy + y\,dx = dx + x\,dx$$

はその一例である．一般解は

$$y = x + Ce^{-x} \quad (C \text{ は定数})$$

という形になり，y が x の関数として把握される．

微分方程式の形状は非常に複雑になることもある．次に挙げる微分方程式は本書の問題 4.1 で取り上げる微分方程式である．

$$x^3\,dx^3 + dy^3 = ax\,dx^2dy \quad (a \text{ は定数})$$

両辺を dx^3 で割ると，$p = \dfrac{dy}{dx}$ に関する 3 次方程式

$$x^3 + p^3 = axp$$

が得られるが，この方程式を通じて p は x, y の関数とみなされる．解法を進めると，パラメータ u を用いて，x, y の u による表示式

$$x = \frac{au}{1+u^3},$$
$$y = \frac{a^2}{6}\frac{2u^3-1}{(1+u^3)^2} + \frac{a^2}{3}\frac{1}{1+u^3} + C \quad (C \text{ は定数})$$

に到達する．パラメータ u を媒介として，x は y の，y は x の関数として認識されるのである．オイラーの語る常微分方程式とその解とはこのようなものである．

高階微分方程式についても同様に考えられているが，状況はいくぶん複雑になる．階数 2 の場合を例にとると，本書の問題 6.1 で取り上げる微分方程式

$$a\,d^2y = dxdy \quad (a \text{ は定数})$$

は 3 個の微分 dx, dy, d^2y の関係式である．2 階微分 d^2y が介在しているのが「2 階の微分方程式」と呼ばれる理由である．本書，第 6 章で 9 個の事例を配列し，オイラーによる解法を再現した．

偏微分方程式

『積分計算教程』第 3 巻は「後の書物 (Liber posterior)」であり，その内容は偏微分方程式の解法である．一般的な視点から考えると，偏微分方程式は，

いくつかの微分の間のある与えられた関係から，2 個もしくはより多

INSTITVTIONVM CALCVLI INTEGRALIS

VOLVMEN TERTIVM,

IN QVO METHODVS INVENIENDI FVNCTIONES DVARVM ET PLVRIVM VARIABILIVM, EX DATA RELATIONE DIFFERENTIALIVM CVIVSVIS GRADVS PERTRACTATVR.

VNA CVM APPENDICE DE CALCVLO VARIATIONVM ET SVPPLEMENTO, EVOLVTIONEM CASVVM PRORSVS SINGVLARIVM CIRCA INTEGRATIONEM AEQVATIONVM DIFFERENTIALIVM CONTINENTE.

AVCTORE

LEONHARDO EVLERO

ACAD. SCIENT. BORVSSIAE DIRECTORE VICENNALI ET SOCIO ACAD. PETROP. PARISIN. ET LONDIN.

PETROPOLI,

Impenſis Academiae Imperialis Scientiarum

1770.

図 0.4　『積分計算教程』第 3 巻表紙

くの個数の変化量の関数を見つける方法

と規定され，常微分方程式の場合と同様に，

与えられた関係式が1階微分だけしか含まないとき（1階偏微分方程式）

および

与えられた関係式が2階もしくはより高階の微分を含むとき（高階偏微分方程式）

に大きく二分される．

変化量の個数が3個の場合，変化量 x, y, z の間の微分方程式はどのようにして与えられるのであろうか．オイラーは「パフの微分方程式」と呼ばれる全微分方程式，すなわち P, Q, R は x, y, z の関数として，

$$P\,dx + Q\,dy + R\,dz = 0$$

という形の微分方程式に範を求めて，いくつかの微分方程式の解法を紹介した（第II部，第1章「全微分方程式（3変数の場合）」参照）．パフの微分方程式は1階常微分方程式において変数の個数を増やすと自然に現れる偏微分方程式であり，解法へと向う基本的なアイデアは，1階常微分方程式の解法に帰着させていく道筋を考案するところに宿っている．

パフの微分方程式を偏微分方程式への入り口と見て，第II部，第2章では2変数関数の偏導関数の言葉を用いて，さまざまなタイプの偏微分方程式を紹介した．解法の場において目標となるのは2変数関数の探索である．偏微分方程式の一般形を書き下すのはむずかしいが，関数概念を基礎にして関数の探索というテーマを立てるのは有効な道筋である．

3個の変化量 x, y, z を連繫する何らかの関係式が与えられたとき，z を他の二つの変化量 x, y の関数と見て微分 dz を算出すると，

$$dz = p\,dx + q\,dy$$

という形の等式が得られる．ここで，dx の係数 p は z の x に関する偏微分係数，dy の係数 q は z の y に関する偏微分係数であり，

$$p = \frac{\partial z}{\partial x}, \quad q = \frac{\partial z}{\partial y}$$

と表記される．p と q も変化量である．**5 個の変化量 x, y, z, p, q を連繋する何らかの関係式が与えられたとき，オイラーは関数 z を探究する**という形のもとで，階数 1 の偏微分方程式を提示した（第 II 部，第 2 章「2 変数関数の探求」参照）．

常微分方程式の一般解を求めると積分定数という名の不定定量が出現するが，2 変数関数の探索の場合には「不定であるもの」は定量ではなく「不定関数」である．「不定であるもの」を表現する言葉が関数の衣裳をまとって現れたのであり，解析学に関数概念を導入するということの意味もまたありありと感知されるであろう．2 個の変化量の関数の探索の場では，一般解に不定関数が付随する．このために，常微分方程式から偏微分方程式に移ると，状況は一段と神秘的な様相を深めていくのである．偏微分方程式の解の不定性を適切に表現するうえで，オイラーにとって関数概念は不可欠のアイデアだったことであろう．

高階偏微分方程式に移るといっそう複雑な形の偏微分方程式が登場するが，本書は変化量の個数が 3 個の場合に限定し，いくつかの偏微分方程式を採集した．

解法の工夫の数々

常微分方程式の場合，ひとたび変化量が分離されたなら，解法は微分式の積分の計算に帰着される．変数分離型の微分方程式の解法は微分方程式論の基礎（第 I 部，第 1 章「変数変換の工夫と同次形の微分方程式」参照）であり，そのための第一着手は微分式の積分によって与えられるから，解法を円滑に進めるためにはあらかじめなるべく多くの種類の微分式の積分を手もとに準備しておくのがよい．そこでオイラーは『積分計算教程』の第 1 巻，第 1 節を微分式の積分に割り当てて，大きな一覧表を作成したのである．複雑な微分式も現れるが，微分式もその積分も全体として代数関数，指数関数，対数関数，三角関数，逆三角関数を用いて組み立てられるものばかりである．

変数分離型ではない微分方程式については，変数分離型に変形することをめざしてさまざまに工夫が凝らされた．適当な変数変換に目を留めるのは，もっとも基本的なアイデアである．同次形の微分方程式については方針が確立されていて，相当に組織的な叙述が可能である（第 I 部，第 1 章「変数変換の工夫と同次形の微分方程式」参照）．リッカチの微分方程式と呼ばれる特別の形の微分方程式は一般に解くことはできないが，ある特別の場合には変数分離型への変形が可能である．オイラーはそのような場合を列挙した（第I部，第2章「リッカチの微分方程式」）．微分方程式を全微分方程式と見て，定数変化法の適用を試みるのも有力な手法である（第I部，第3章「全微分方程式（2変数の場合）」参照）．

階数の高い常微分方程式を解く際の基本方針は，階数1の方程式に帰着させる道筋を探索することである．偏微分方程式の解法は常微分方程式の解法を基礎として，その上に構築されていく．

積分計算におけるパラドックス

『積分計算教程』の第1巻，第1部，第3セクションには「非常に複雑な微分方程式の解法」という，見る者の目をそばだたせる表題が明記されている．積分計算の手法では容易に解けない難問が並んでいるが，オイラーは新たな変数 $p = \dfrac{dy}{dx}$ を導入し，次々と解いていった．そこに見られるのは「微分して解く」という，いかにも不思議な手法である．

ライプニッツは万能の接線法という名の微分法と，逆接線法という名の積分法を発見した．積分計算は当初から微分計算の逆演算として認識されたのであり，オイラーもまたこの視点を継承して微分方程式論を組み立てたのであるから，微分方程式は「積分して解く」のが本来の姿である．ところがオイラーは「微分して解ける微分方程式」に遭遇し，これを「積分計算におけるパラドックス」と見たのである（第I部，第4章「非常に複雑な微分方程式」参照）．積分しても見つからないが，形を見るだけで解が見つかってしまう微分方程式もまた存在する．オイラーの目にはそのような現象もまたパラドックスと映じた．本書ではそのような解を「特異解」と呼び，オイラーが挙げた諸例を紹介した（第I部，第5章「微分方程式の特異解」参照）．

第I部，第6章では階数2の常微分方程式の事例を紹介した（第I部，第6章「階数2の微分方程式」参照）．

原石の宝庫

オイラーの無限解析の中核に位置を占めるのは微分方程式論である．三角関数や指数関数，対数関数を駆使し，さまざまな技巧を考案して微分方程式の解の表示を試みて，ほとんど限界に到達したかのようであった．オイラー以後，ラグランジュやヤコビなど，有力な継承者が相次いで現れて，微分方程式論は偉大な理論に発展したが，オイラーが開いた世界は依然として原石の宝庫であり続けている．

第 I 部

常微分方程式

第 1 章 変数変換の工夫と同次形の微分方程式

問題 1.1（変数変換）

$$dy + y\,dx = dx + x\,dx$$

【解答】

変数変換の工夫

提示された微分方程式を

$$dy = (1 + x - y)\,dx$$

と書き直すと，dx の係数 $1 + x - y$ は x のみの関数ではなく，y のみの関数でもないので，この微分方程式は変数分離型ではない．そこで

$$z = 1 + x - y$$

と置いて新しい変数 z を導入すると，

$$y = 1 + x - z.$$

両辺の微分を作ると，3 個の微分 dy, dx, dz を連繫する等式

$$dy = dx - dz$$

が得られる．これらを提示された微分方程式に代入すると，

$$dx - dz = z\,dx.$$

よって，

$$(1-z)\,dx = dz$$

となるが，これは変数分離型の微分方程式である．

積分を実行する

$z=1$ のとき，$dz=0$ であるから，微分方程式 $(1-z)\,dx = dz$ が満たされる．よって直線の方程式 $z=1$ は解のひとつである．これに対応して，提示された微分方程式の解 $x=y$ が得られる．

$z \neq 1$ の場合，微分方程式 $(1-z)\,dx = dz$ の変数を分離すると，

$$dx = \frac{dz}{1-z}$$

という形になる．両辺の積分を作ると，C を積分定数として，

$$x = -\log(1-z) + C.$$

よって，

$$1 - z = e^{-x+C}.$$

定数 e^C をあらためて C と表記すると，

$$y - x = Ce^{-x}$$

となる．よって，

$$y = x + Ce^{-x}.$$

$C=0$ に対応する解 $y-x=0$ は，前に $z=1$ のときに得られた解と一致する．それゆえ，これが提示された微分方程式の一般解である（図 1.1）．

この問題では，提示された微分方程式はごく単純な変数変換により変数分離型の方程式に変形された．

問題 1.2（リッカチの微分方程式．$m=-2$ の場合）

$$dz + z^2\,dx = \frac{a\,dx}{x^2} \quad (a \text{ は定数．} a \neq 0)$$

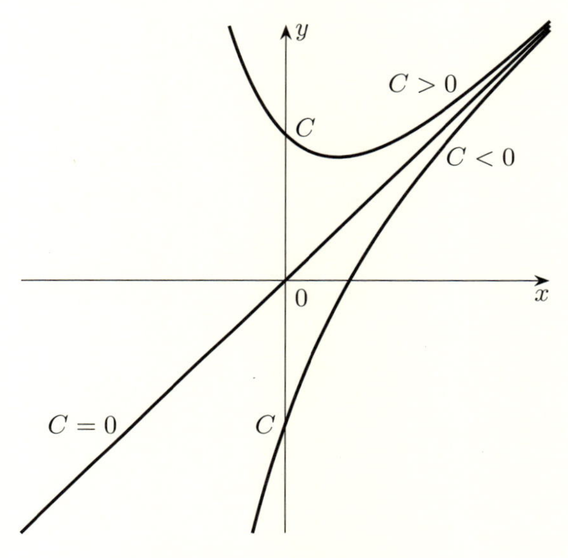

図 **1.1**　$y = x + Ce^{-x}$

【解答】

リッカチの微分方程式

一般に，

$$dz + z^2\,dx = ax^m\,dx \quad (m \text{ は定数})$$

という形の微分方程式は**リッカチの微分方程式**という名で呼ばれている．ここで提示されたのは $m=-2$ の場合のリッカチの微分方程式である．一般のリッカチの微分方程式については節をあらためて考察する（第 2 章「リッカチの微分方程式」参照）．

同次形の微分方程式への変形

変数分離型方程式への変形をめざして，まず変数変換 $z=\dfrac{1}{y}$ を行う．微分を作ると，

$$dz = -\frac{dy}{y^2}.$$

これらを提示された微分方程式に代入すると，

$$-\frac{dy}{y^2}+\frac{dx}{y^2}=\frac{a\,dx}{x^2}.$$

よって，

$$x^2\,dy=(x^2-ay^2)\,dx$$

となる．この段階ではまだ変数が分離されていないが，両辺を dx で割って，

$$\frac{dy}{dx}=\frac{x^2-ay^2}{x^2}$$

と表記すると，右辺の有理式は分子も分母も変数の 2 次の同次式である．したがって，この微分方程式は同次形である．

同次形の微分方程式を解く

同次形の微分方程式を解くために，

$$y=ux$$

と置いて新しい変数 u を導入すると，

$$dy=u\,dx+x\,du.$$

提示された微分方程式に代入すると，

$$u\,dx+x\,du=(1-au^2)\,dx$$

という形になる．これは変数分離型である．u は方程式 $1-au^2-u=0$ を満たす定数とすると，提示された微分方程式は解

$$z=\frac{1}{ux}$$

をもつ．u がこのような定数ではない場合，変数を分離すると，

$$\frac{dx}{x}=\frac{du}{1-au^2-u}.$$

両辺の積分を作ると，

$$\log x=-\int\frac{du}{au^2+u-1}$$

$$= -\frac{1}{a}\int\frac{du}{u^2+\frac{1}{a}u-\frac{1}{a}} = -\frac{1}{a}\int\frac{du}{\left(u+\frac{1}{2a}\right)^2-\frac{1+4a}{4a^2}}$$

と計算が進行する．最後に現れた積分は $1+4a$ の大きさに応じて計算される．

$4a+1=0$ の場合

この場合，$a=-\dfrac{1}{4}$ であるから，C を積分定数として，

$$\log x = 4\int\frac{du}{(u-2)^2} = -\frac{4}{u-2}+C$$

となる．$u=\dfrac{y}{x}$ を代入すると，

$$\log x = \frac{4x}{2x-y}+C$$

という表示が得られる．$y=\dfrac{1}{z}$ を代入すると，

$$\log x = \frac{4xz}{2xz-1}+C$$

という形になる．

$4a+1>0$ の場合

この場合，C を積分定数として，

$$\begin{aligned}
\log x &= -\frac{1}{a}\cdot\frac{a}{\sqrt{1+4a}}\int\left\{\frac{1}{u+\frac{1}{2a}-\frac{\sqrt{1+4a}}{2a}}-\frac{1}{u+\frac{1}{2a}+\frac{\sqrt{1+4a}}{2a}}\right\} \\
&= -\frac{1}{\sqrt{1+4a}}\left\{\log\left(u+\frac{1}{2a}-\frac{\sqrt{1+4a}}{2a}\right)\right. \\
&\qquad\qquad \left.-\log\left(u+\frac{1}{2a}+\frac{\sqrt{1+4a}}{2a}\right)\right\}+C \\
&= -\frac{1}{\sqrt{1+4a}}\log\frac{u+\frac{1-\sqrt{1+4a}}{2a}}{u+\frac{1+\sqrt{1+4a}}{2a}}+C \\
&= -\frac{1}{\sqrt{1+4a}}\log\frac{2au+1-\sqrt{1+4a}}{2au+1+\sqrt{1+4a}}+C
\end{aligned}$$

と計算が進む．$u=\dfrac{y}{x}$ を代入し，定数 e^C をあらためて C と表記すると，等式

$$x\left(\frac{2ay+(1-\sqrt{1+4a})x}{2ay+(1+\sqrt{1+4a})x}\right)^{\frac{1}{\sqrt{1+4a}}}=C$$

が得られる．$y=\dfrac{1}{z}$ を代入すると，

$$x\left(\frac{2a+\left(1-\sqrt{1+4a}\right)xz}{2a+\left(1+\sqrt{1+4a}\right)xz}\right)^{\frac{1}{\sqrt{1+4a}}}=C.$$

これが提示された微分方程式の解である．

$4a+1<0$ の場合

一般的に成立する等式

$$\int\frac{dX}{X^2+A^2}=\frac{1}{A}\arctan\frac{X}{A}$$

において，

$$X=u+\frac{1}{2a},\quad A=\frac{\sqrt{-1-4a}}{2a}$$

と置いて計算を進める．C を積分定数とし，$u=\dfrac{y}{x}$ を代入すると，等式

$$\begin{aligned}\log x&=-\frac{1}{a}\cdot\frac{2a}{\sqrt{-1-4a}}\arctan\frac{2a}{\sqrt{-1-4a}}\left(\frac{2ay+x}{2ax}\right)+C\\&=-\frac{2}{\sqrt{-1-4a}}\arctan\frac{2ay+x}{x\sqrt{-1-4a}}+C\end{aligned}$$

が得られる．$y=\dfrac{1}{z}$ を代入すると，

$$\log x=-\frac{2}{\sqrt{-1-4a}}\arctan\frac{2a+xz}{xz\sqrt{-1-4a}}+C$$

となる．これで提示された微分方程式の解が得られた．

問題 1.3（同次形の微分方程式）

$$x\,dx+y\,dy=my\,dx\quad（m\text{ は正または負の実数}）$$

【解答】

新しい変数 $u = \dfrac{y}{x}$ の導入

両辺を dx で割ると $\dfrac{dy}{dx} = \dfrac{my - x}{y}$ という形になる．右辺は x と y の有理式で，分母と分子はいずれも x, y の 1 次の同次式であり，この微分方程式は同次形である．オイラーは $y = ux$ と置いて新しい変化量 u を導入し，提示された方程式を u と x の間の変数分離型の方程式に変換した．

変数分離型微分方程式への変形

オイラーの計算に追随して，提示された微分方程式を変数分離型方程式に変形しよう．等式 $y = ux$ の両辺の微分を作ると，

$$dy = u\,dx + x\,du.$$

これより

$$\frac{dy}{dx} = u + x\frac{du}{dx}.$$

また，

$$\frac{my - x}{y} = \frac{mu - 1}{u}.$$

それゆえ，

$$u + x\frac{du}{dx} = \frac{mu - 1}{u}$$

となる．これは変数分離型の方程式である．

さらに計算を進めると，

$$\begin{aligned}\frac{dx}{x} &= \frac{u\,du}{mu - 1 - u^2} = \frac{-u\,du}{1 - mu + u^2} \qquad (*)\\ &= \frac{\left(-u + \frac{1}{2}m\right)\,du}{1 - mu + u^2} - \frac{\frac{1}{2}m\,du}{1 - mu + u^2}\end{aligned}$$

という形になる．この式変形は積分の計算を実行するための工夫である．ここで，m の大きさに応じて 4 通りの場合を区別する．

1) $m > 2$ および $m < -2$ の場合

この場合，

$$a = \frac{m + \sqrt{m^2 - 4}}{2}$$

と定めれば，

$$m = a + \frac{1}{a}$$

という形に表される．このとき，因数分解

$$1 - mu + u^2 = (u - a)\left(u - \frac{1}{a}\right)$$

が成立し，これに基づいて部分分数展開

$$\frac{du}{(u-a)\left(u - \frac{1}{a}\right)} = \frac{a}{a^2 - 1} \cdot \frac{du}{u - a} - \frac{a}{a^2 - 1} \cdot \frac{du}{u - \frac{1}{a}}$$

が行われる．そこで微分方程式 $(*)$ の両辺の積分を作ると，C を積分定数として，等式

$$\log x = -\frac{1}{2}\log(1 - mu + u^2) - \frac{a^2 + 1}{2(a^2 - 1)} \log \frac{u - a}{u - \frac{1}{a}} + C$$

が得られる．

定数 C を $C = \log c$ と表記して，もう少し計算を進めると，

$$\log x\sqrt{1 - mu + u^2} + \frac{a^2 + 1}{2(a^2 - 1)} \log \frac{au - a^2}{au - 1} = \log c.$$

$u = \dfrac{y}{x}$ を代入して形を整えると，二つの変数 x と y の相互依存関係を示す方程式

$$\left(\frac{ay - a^2 x}{ay - x}\right)^{\frac{a^2+1}{2(a^2-1)}} \sqrt{x^2 - mxy + y^2} = c$$

が得られる．これが提示された微分方程式の一般解である．

2) $-2 < m < 2$ **の場合**

この場合には，定数 m を $m = 2\cos\alpha$ $(-\pi < \alpha < \pi,\ \alpha \neq 0)$ という形に書くことができる．微分方程式 $\dfrac{dx}{x} = \dfrac{u\,du}{mu - 1 - u^2}$ の右辺の積分を遂行するために，まず

$$\frac{1}{1 - 2u\cos\alpha + u^2} = \frac{1}{(1 - u\cos\alpha)^2 + u^2\sin^2\alpha}$$

$$= \frac{1}{(1-u\cos\alpha)^2} \cdot \frac{1}{1+\left(\dfrac{u\sin\alpha}{1-u\cos\alpha}\right)^2}$$

と変形する．ここで $\dfrac{u\sin\alpha}{1-u\cos\alpha} = \tan\theta$ と置いて新しい変数 θ を導入し，さらに式変形を進めると，

$$\frac{1}{1-2u\cos\alpha+u^2} = \frac{1}{(1-u\cos\alpha)^2} \cdot \frac{1}{1+\tan^2\theta} = \frac{\cos^2\theta}{(1-u\cos\alpha)^2}.$$

等式

$$\frac{u\sin\alpha}{1-u\cos\alpha} = \tan\theta$$

の微分を作ると，

$$\frac{\sin\alpha\, du}{(1-u\cos\alpha)^2} = \frac{d\theta}{\cos^2\theta}.$$

よって，

$$du = \frac{(1-u\cos\alpha)^2}{\sin\alpha} \cdot \frac{d\theta}{\cos^2\theta}$$

となる．それゆえ，

$$\frac{du}{1-2u\cos\alpha+u^2} = \frac{d\theta}{\sin\alpha}.$$

これによって計算が進行し，

$$\int \frac{du}{1-2u\cos\alpha+u^2} = \int \frac{d\theta}{\sin\alpha} = \frac{\theta}{\sin\alpha} = \frac{1}{\sin\alpha}\arctan\frac{u\sin\alpha}{1-u\cos\alpha}$$

となる．提示された微分方程式 $(*)$ に立ち返り，両辺の積分を作ると，C を積分定数として，方程式

$$\log x\sqrt{1-mu+u^2} = C - \frac{\cos\alpha}{\sin\alpha}\arctan\frac{u\sin\alpha}{1-u\cos\alpha}$$

が得られる．$u = \dfrac{y}{x}$ を代入して形を整えると，

$$\log\sqrt{x^2-mxy+y^2} = C - \frac{\cos\alpha}{\sin\alpha}\arctan\frac{y\sin\alpha}{x-y\cos\alpha}$$

となる．これが提示された微分方程式の一般解である．

積分計算のための変数変換．もうひとつの工夫

計算の途中で

$$\frac{u\sin\alpha}{1-u\cos\alpha}=\tan\theta$$

という変数変換を行って等式

$$\int\frac{du}{1-2u\cos\alpha+u^2}=\frac{1}{\sin\alpha}\arctan\frac{u\sin\alpha}{1-u\cos\alpha}$$

を導いたが，この変数変換はオイラーによる巧妙な工夫である．この等式は次のようにしても計算される．

提示された積分を

$$\begin{aligned}\int\frac{du}{1-2u\cos\alpha+u^2}&=\int\frac{du}{\sin^2\alpha+(u-\cos\alpha)^2}\\&=\frac{1}{\sin^2\alpha}\int\frac{du}{1+\left(\frac{u-\cos\alpha}{\sin\alpha}\right)^2}\end{aligned}$$

と変形し，変数変換

$$v=\frac{u-\cos\alpha}{\sin\alpha}$$

を行うと，

$$dv=\frac{du}{\sin\alpha}.$$

よって，

$$du=\sin\alpha\,dv.$$

これを代入すると計算が進行し，等式

$$\begin{aligned}\int\frac{du}{1-2u\cos\alpha+u^2}&=\frac{1}{\sin\alpha}\int\frac{dv}{1+v^2}=\frac{1}{\sin\alpha}\arctan v\\&=\frac{1}{\sin\alpha}\arctan\frac{u-\cos\alpha}{\sin\alpha}\end{aligned}$$

に到達する．オイラーの計算により得られた角

$$A=\arctan\frac{u\sin\alpha}{1-u\cos\alpha}$$

と比べると，こうして新たに得られた角

$$B=\arctan\frac{u-\cos\alpha}{\sin\alpha}$$

は形が異なるが，両者の差は定数である．これを確めるには $\tan(A-B)$ が

定数であることを示せばよい．

$$\tan A = \frac{u\sin\alpha}{1-u\cos\alpha}, \quad \tan B = \frac{u-\cos\alpha}{\sin\alpha}$$

により，

$$\begin{aligned}\tan(A-B) &= \frac{\tan A - \tan B}{1+\tan A\tan B} = \frac{\frac{u\sin\alpha}{1-u\cos\alpha} - \frac{u-\cos\alpha}{\sin\alpha}}{1+\frac{u\sin\alpha}{1-u\cos\alpha}\cdot\frac{u-\cos\alpha}{\sin\alpha}} \\ &= \frac{1}{\sin\alpha}\cdot\frac{u\sin^2\alpha-(1-u\cos\alpha)(u-\cos\alpha)}{1-u\cos\alpha+u(u-\cos\alpha)} \\ &= \frac{1}{\sin\alpha}\cdot\frac{\cos\alpha+(\sin^2\alpha-\cos^2\alpha-1)u+u^2\cos\alpha}{1-2u\cos\alpha+u^2} \\ &= \frac{1}{\sin\alpha}\cdot\frac{\cos\alpha-2u\cos^2\alpha+u^2\cos\alpha}{1-2u\cos\alpha+u^2} = \frac{\cos\alpha}{\sin\alpha}.\end{aligned}$$

これで $\tan(A-B)$ は定数であることが示された．

3) $m=2$ **の場合**

この場合，微分方程式 $(*)$ は

$$\frac{dx}{x} = \frac{du}{1-u} - \frac{du}{(1-u)^2}$$

という形になる．両辺の積分を作ると，C を積分定数として，等式

$$\log x = C - \log(1-u) - \frac{1}{1-u}$$

が得られる．式変形を続けると，$\log x(1-u) = C - \dfrac{1}{1-u}$．$u=\dfrac{y}{x}$ を代入すると，

$$\log(x-y) = C - \frac{x}{x-y}.$$

これが，提示された微分方程式の一般解である．

4) $m=-2$ **の場合**

$m=2$ の場合と同様に進行する．この場合，微分方程式 $(*)$ は

$$\frac{dx}{x} = -\frac{du}{1+u} + \frac{du}{(1+u)^2}$$

という形になる．両辺の積分を作ると，C を積分定数として，等式

$$\log x = C - \log(1+u) - \frac{1}{1+u}$$

が得られる．以下，$m=2$ の場合と同様に式変形を進めると，提示された微分方程式の一般解

$$\log(x+y) = C - \frac{x}{x+y}$$

が求められる．

これであらゆる場合が尽くされて，すべての m に対して問題 1.3 の微分方程式の解が求められた．同次形の微分方程式は，変数変換 $y=ux$ を行うと変数分離型の方程式に変形される．この作業が解法のための第一着手である．変数が分離されたら，微分式の積分の計算を遂行しなければならないが，その際に基本となる手法は部分積分と変数変換である．問題 1.3 では適切な変数変換を利用して，複雑な形の微分式を既知の微分式に変形した．

問題 1.4（同次形の微分方程式）

$$x\,dx + y\,dy = x\,dy - y\,dx$$

【解答】

変数分離型方程式への還元

この微分方程式も変数分離型ではない．両辺を dx で割り，そのうえで変形すると，

$$\frac{dy}{dx} = \frac{x+y}{x-y}$$

という形になる．右辺の分数式は分母と分子がいずれも x, y の1次の同次式であるから，この微分方程式は同次形である．そこで問題 1.3 においてそうしたのと同様に $y=ux$ と置いて，新しい変数 u を導入する．両辺の微分を作ると，

$$dy = u\,dx + x\,du$$

より

$$\frac{dy}{dx} = u + x\frac{du}{dx}.$$

また，

$$\frac{x+y}{x-y} = \frac{1+u}{1-u}.$$

よって，

$$u + x\frac{du}{dx} = \frac{1+u}{1-u}.$$

式変形を進めると，変数が分離されて

$$\frac{dx}{x} = \frac{1-u}{1+u^2}\,du$$

という形に到達する．これで積分の態勢が整えられた．

微分式の積分を遂行する

右辺の微分式の積分は二つの積分

$$\int \frac{du}{1+u^2} = \arctan u$$

$$\int \frac{u}{1+u^2}\,du = \frac{1}{2}\int \frac{2u}{1+u^2}\,du = \frac{1}{2}\log(1+u^2) = \log\sqrt{1+u^2}$$

の差である．それゆえ，C を積分定数として，等式

$$\log x = \arctan u - \log\sqrt{1+u^2} + C$$

が得られる．$u = \dfrac{y}{x}$ を代入して形を整えると，

$$\log\sqrt{x^2+y^2} = C + \arctan\frac{y}{x}$$

となる．これが，提示された微分方程式の一般解である．

問題 1.5（同次形の微分方程式）

$$x\,dy - y\,dx = \sqrt{x^2+y^2}\,dx$$

【解答】

同次形であることの判定

方程式 $x = 0$ はひとつの解である．以下，$x \neq 0$ として計算を進める．

両辺を $x\,dx$ で割り，計算を進めると，

$$\frac{dy}{dx} = \frac{y + \sqrt{x^2 + y^2}}{x}$$

という形になる．右辺の分数の形を見ると，分子に平方根 $\sqrt{x^2 + y^2}$ が見られるが，根号内にあるのは変数 x, y の次数2の同次式である．それゆえ，提示された微分方程式は同次形である．右辺を

$$\frac{y + \sqrt{x^2 + y^2}}{x} = \frac{y}{x} + \sqrt{1 + \left(\frac{y}{x}\right)^2}$$

と変形すれば，同次形であることが明瞭に諒解される．

変数分離型の方程式に変形する

$y = ux$ と置くと，$dy = u\,dx + x\,du$．これより $\dfrac{dy}{dx} = u + x\dfrac{du}{dx}$．これを代入して計算を進めると，

$$u + x\frac{du}{dx} = u + \sqrt{1 + u^2}.$$

それゆえ，

$$x\frac{du}{dx} = \sqrt{1 + u^2}.$$

これは変数分離型の方程式である．変数を分離すると，

$$\frac{dx}{x} = \frac{du}{\sqrt{1 + u^2}}$$

という形になり，両辺を積分する態勢が整えられた．

微分方程式の解法の続き

ここまでの計算を踏まえて微分方程式 $\dfrac{dx}{x} = \dfrac{du}{\sqrt{1 + u^2}}$ の両辺の積分を実行すると，積分定数を $\log a$ と表記して，

$$\log x = \log a + \log\left(u + \sqrt{1 + u^2}\right)$$

が得られる．$u = \dfrac{y}{x}$ を代入すると，右辺は

$$\log a + \log\frac{y + \sqrt{x^2 + y^2}}{x} = \log a + \log\frac{x}{\sqrt{x^2 + y^2} - y}$$

$$= \log \frac{ax}{\sqrt{x^2+y^2}-y}$$

となる．これを $\log x$ と等値すると，

$$x = \frac{ax}{\sqrt{x^2+y^2}-y}.$$

これより

$$\sqrt{x^2+y^2} = a + y.$$

両辺を平方して形を整えると，等式

$$x^2 = a^2 + 2ay$$

が得られる．これが一般解である．

この方程式で表される x と y の関係を (x, y) 平面上に図示すると放物線が描かれる（図 1.2）．変数分離形の方程式に変形する際に「x で割る」という操作を行ったが，y 軸を表す方程式 $x = 0$ もまた解である．この解は一般解において $a = 0$ をとる場合に得られる．

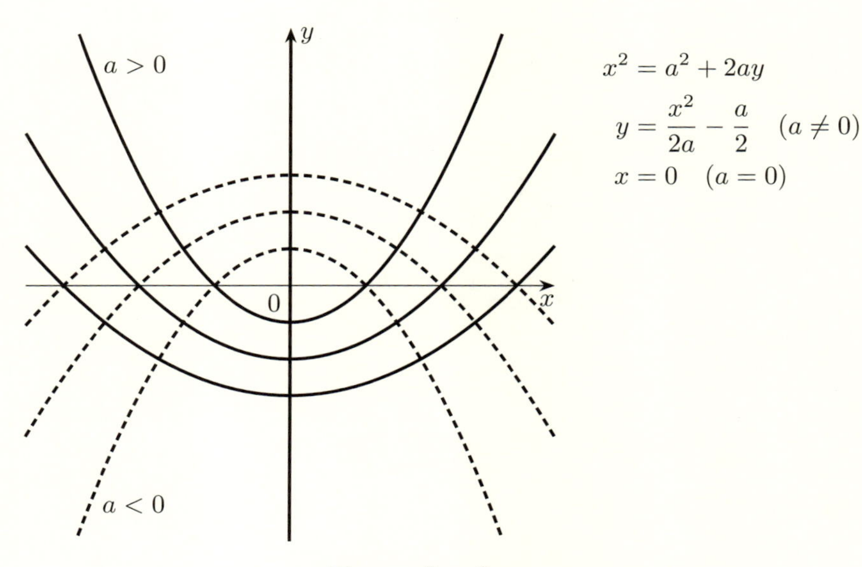

図 1.2　$x^2 = a^2 + 2ay$

問題 1.6（変数変換により同次形に変形される微分方程式）

$$(\alpha + \beta x + \gamma y)\,dx = (\delta + \varepsilon x + \zeta y)\,dy \quad (\alpha, \beta, \gamma, \delta, \varepsilon, \zeta \text{ は定数})$$

【解答】

同次形の微分方程式に変形する：$\beta\zeta - \gamma\varepsilon \neq 0$ の場合

dx, dy の係数に着目し，

$$\alpha + \beta x + \gamma y = t, \quad \delta + \varepsilon x + \zeta y = u$$

と置いて新たな変数 t, u を導入すると，提示された微分方程式は $t\,dx = u\,dy$ という形になる．x, y を t, u を用いて表記すると，$\beta\zeta - \gamma\varepsilon \neq 0$ という条件のもとで，

$$x = \frac{\zeta t - \gamma u - \alpha\zeta + \gamma\delta}{\beta\zeta - \gamma\varepsilon}, \quad y = \frac{\beta u - \varepsilon t + \alpha\varepsilon - \beta\delta}{\beta\zeta - \gamma\varepsilon}$$

となる．微分を作ると，

$$dx = \frac{\zeta\,dt - \gamma\,du}{\beta\zeta - \gamma\varepsilon}, \quad dy = \frac{\beta\,du - \varepsilon\,dt}{\beta\zeta - \gamma\varepsilon}.$$

これより，比例式

$$dx : dy = (\zeta\,dt - \gamma\,du) : (\beta\,du - \varepsilon\,dt)$$

が得られる．$t\,dx = u\,dy$ に代入すると，

$$\zeta t\,dt - \gamma t\,du = \beta u\,du - \varepsilon u\,dt.$$

それゆえ，

$$(\zeta t + \varepsilon u)\,dt = (\beta u + \gamma t)\,du$$

となるが，これは変数 t, u に関する同次形の微分方程式である．

同次形の微分方程式を解く

$u = vt$ と置いて新しい変数 v を導入する．微分を作ると，

$$du = v\,dt + t\,dv.$$

この du と $u = vt$ を等式 $(\zeta t + \varepsilon u)\,dt = (\beta u + \gamma t)\,du$ に代入すると，

$$v\,dt + t\,dv = \frac{\zeta + \varepsilon v}{\beta v + \gamma}\,dt.$$

これは変数分離型の微分方程式である．

式の変形を進めると，

$$t\,dv = \left(\frac{\zeta + \varepsilon v}{\beta v + \gamma} - v\right)dt = \frac{\zeta + (\varepsilon - \gamma)v - \beta v^2}{\beta v + \gamma}\,dt.$$

これより，等式

$$\frac{dt}{t} = \frac{\beta v + \gamma}{\zeta + (\varepsilon - \gamma)v - \beta v^2}\,dv = \frac{\left(\beta v + \frac{1}{2}(\gamma - \varepsilon)\right)dv + \frac{1}{2}(\gamma + \varepsilon)\,dv}{\zeta + (\varepsilon - \gamma)v - \beta v^2}$$

が得られる．両辺の積分を作ると，C を積分定数として，

$$\log t = C - \log\sqrt{\zeta + (\varepsilon - \gamma)v - \beta v^2} + \frac{1}{2}(\gamma + \varepsilon)\int \frac{dv}{\zeta + (\varepsilon - \gamma)v - \beta v^2}$$

という形の等式が成立する．

右辺の積分

$$\int \frac{dv}{\zeta + (\varepsilon - \gamma)v - \beta v^2}$$

は次の三通りの場合に応じて計算が進行する．

(1) v の 2 次式 $\zeta + (\varepsilon - \gamma)v - \beta v^2$ が二つの異なる実 1 次因子の積に分解される場合．（部分分数展開により積分可能．）

(2) $\zeta + (\varepsilon - \gamma)v - \beta v^2$ が 1 個の実 1 次因子の自乗になる場合．（有理式により積分可能．）

(3) $\zeta + (\varepsilon - \gamma)v - \beta v^2$ が実因子をもたない場合．（逆正接関数を用いて積分可能．）

この積分の計算を遂行すると，上記の t, v に関する微分方程式の解を表示する方程式が得られる．その方程式において，まず $v = \dfrac{u}{t}$ を代入し，次に $t = \alpha + \beta x + \gamma y$, $u = \delta + \varepsilon x + \zeta y$ を代入すると，x, y の方程式が生じる．

それが提示された微分方程式の解である．

$\beta\zeta - \gamma\varepsilon = 0$ の場合

$\beta = \gamma = 0$ の場合もありうるが，この場合，提示された微分方程式は

$$\alpha\, dx = (\delta + \varepsilon x + \zeta y)\, dy$$

となる．これは問題1.1で取り上げた微分方程式と同じ形である．そこで，問題1.1でそうしたように，

$$u = \delta + \varepsilon x + \zeta y$$

と置くと，$\alpha\, dx = u\, dy$．また，$du = \varepsilon\, dx + \zeta\, dy$．それゆえ，

$$\alpha\zeta\, dx = u\zeta\, dy = u(du - \varepsilon\, dx).$$

これより，

$$(\alpha\zeta + \varepsilon u)\, dx = u\, du$$

となる．この微分方程式は変数分離型であり，$\alpha\zeta + \varepsilon u$ が恒等的に0の場合にも，そうではない場合にも容易に積分可能である．その積分を表示する方程式において $u = \delta + \varepsilon x + \zeta y$ と置けば，提示された微分方程式の解が生じる．

次に，$\beta = \gamma = 0$ ではない場合，言い換えると β と γ のいずれかが0ではない場合を考える．$\beta\zeta = \gamma\varepsilon$ より，

$$\beta(\varepsilon x + \zeta y) = \beta\varepsilon x + \beta\zeta y = \beta\varepsilon x + \gamma\varepsilon y = \varepsilon(\beta x + \gamma y),$$
$$\gamma(\varepsilon x + \zeta y) = \gamma\varepsilon x + \gamma\zeta y = \beta\zeta x + \gamma\zeta y = \zeta(\beta x + \gamma y)$$

と計算が進む．そこで，$\beta \neq 0$ なら $n = \dfrac{\varepsilon}{\beta}$，$\gamma \neq 0$ なら $n = \dfrac{\zeta}{\gamma}$ と定めれば，等式

$$\varepsilon x + \zeta y = n(\beta x + \gamma y)$$

が成立する．それゆえ，提示された微分方程式は，

$$\alpha\, dx + (\beta x + \gamma y)\, dx = \delta\, dy + n(\beta x + \gamma y)\, dy$$

という形に変形される．

変形された微分方程式を解く

$\beta x + \gamma y = z$ と置くと，解くべき微分方程式は

$$\alpha\,dx + z\,dx = \delta\,dy + nz\,dy$$

となる．また，$\beta x + \gamma y = z$ の微分を作ると，

$$\beta\,dx + \gamma\,dy = dz.$$

$\beta \neq 0$ もしくは $\gamma \neq 0$ の場合を考えているが，たとえば $\gamma \neq 0$ として，微分方程式 $\alpha\,dx + z\,dx = \delta\,dy + nz\,dy$ の両辺に γ を乗じると，

$$\alpha\gamma\,dx + \gamma z\,dx = (\delta + nz)\gamma\,dy = (\delta + nz)(dz - \beta\,dx)$$

となる．形を整えると，変数分離型の微分方程式

$$(\alpha\gamma + \beta\delta + (\gamma + n\beta)z)\,dx = (\delta + nz)\,dz$$

が生じる．定数の状況によりいろいろな場合が考えられるが，いずれにしても有理式もしくは対数関数を用いて解が表示される．その解は x と z を連繋する方程式である．そこに $z = \beta x + \gamma y$ を代入すると x と y を結ぶ方程式が得られる．それが提示された微分方程式の解である．

$\beta \neq 0$ として出発しても，同様に計算が進行する．

問題 1.7（$dy + Py\,dx = Q\,dx$ という形の微分方程式）

$$dy + y\,dx = x^n\,dx \quad (n \text{ は自然数})$$

【解答】

補助的関数の導入

X は x の関数として，変数

$$y = Xu$$

を作ると，提示された微分方程式が満たされるとしよう．微分を計算すると，

$$dy = X\,du + u\,dX.$$

これを代入すると，

$$X\,du + u\,dX + Xu\,dx = x^n\,dx.$$

よって，

$$X\,du + u(dX + X\,dx) = x^n\,dx$$

となる．そこで，

$$dX + X\,dx = 0$$

となるように X を定める．これは変数分離型の微分方程式である．変数を分離すると，

$$\frac{dX}{X} = -dx.$$

両辺の積分を作ると，C を積分定数として，

$$\log X = -x + C.$$

これより

$$X = e^C \cdot e^{-x}.$$

定数 e^C をあらためて C と表記すると，求める関数 X の一般形

$$X = Ce^{-x}$$

が得られる．定数 C を $C = 1$ と定めて，関数

$$X = e^{-x}$$

を採用する．

この関数を用いると，提示された微分方程式は

$$X\,du = x^n\,dx,$$

すなわち

$$e^{-x}\,du = x^n\,dx$$

という形になる．これは変数分離型である．変数を分離すると，

$$du = x^n e^x\,dx.$$

両辺の積分を作ると，等式

$$u = \int x^n e^x\,dx$$

が得られる．

積分 $\int x^n e^x\,dx$ の計算

この積分を

$$I_n = \int x^n e^x\,dx$$

と置くと，部分積分により，漸化式

$$I_n = x^n e^x - \int n x^{n-1} e^x\,dx = x^n e^x - nI_{n-1}$$

が得られる．これを繰り返し使うことにより，積分 $u = I_n$ の形が判明する．すなわち，C を積分定数として，

$$I_n = e^x\left(x^n - nx^{n-1} + n(n-1)x^{n-2} - n(n-1)(n-2)x^{n-3} + \cdots\right) + C$$

となる．これを $y = Xu$ に代入すると，提示された微分方程式の解

$$\begin{aligned} y = Ce^{-x} &+ x^n - nx^{n-1} + n(n-1)x^{n-2} - n(n-1)(n-2)x^{n-3} \\ &+ \cdots + (-1)^n n(n-1)(n-2)\cdots 1 \end{aligned}$$

が得られる．

いくつかの場合を書き下すと次のようになる．

$n = 0$ のとき，$y = Ce^{-x} + 1$

$n = 1$ のとき，$y = Ce^{-x} + x - 1$

$n = 2$ のとき，$y = Ce^{-x} + x^2 - 2x + 2 \cdot 1$

$n = 3$ のとき，$y = Ce^{-x} + x^3 - 3x^2 + 3 \cdot 2x - 3 \cdot 2 \cdot 1$

問題 1.8（$dy + Py\,dx = Q\,dx$ という形の微分方程式）

$$(1 - x^2)\,dy + xy\,dx = a\,dx \quad (a\text{ は定数})$$

【解答】

補助関数 X の探索

$x = +1$ と $x = -1$ はどちらも提示された微分方程式の解である．$x \neq \pm 1$ の場合，オイラーにならって

$$P = \frac{x}{1 - x^2}, \quad Q = \frac{a}{1 - x^2}$$

と置くと，提示された微分方程式は

$$dy + Py\,dx = Q\,dx$$

という形に表示される．X は x の関数とし，$y = Xu$ と置いて新しい変数 u を導入する．X を適切に定めて，提示された微分方程式を u と x に関する変数分離型の方程式に変形することをめざす．微分を作ると，

$$dy = X\,du + u\,dX$$

となる．提示された微分方程式に代入すると，

$$X\,du + u\,dX + PXu\,dx = Q\,dx.$$

これを

$$X\,du + u(dX + PX\,dx) = Q\,dx$$

と表記して，

$$dX + PX\,dx = 0$$

となるように X を定める．変数を分離すると，

$$\frac{dX}{X} = -P\,dx.$$

両辺の積分を作ると，

$$\log X = -\int P\,dx.$$

右辺の積分を計算すると，C を積分定数として，

$$-\int P\,dx = -\int \frac{x\,dx}{1-x^2} = \frac{1}{2}\log(1-x^2) + C = \log\sqrt{1-x^2} + C$$

となる．補助関数 X はひとつ選定すればよいから，積分定数を $C=0$ と定めて，

$$X = \sqrt{1-x^2}$$

を採用する．

積分 $\dfrac{a\,dx}{(1-x^2)\sqrt{1-x^2}}$ の算出

補助関数 X を採用すると，提示された微分方程式は

$$X\,du = Q\,dx$$

という形になる．変数を分離すると，

$$du = \frac{Q\,dx}{X},$$

すなわち

$$du = \frac{a\,dx}{(1-x^2)\sqrt{1-x^2}}$$

となる．

右辺の積分を計算するために，変数変換

$$x = \frac{1-t^2}{1+t^2}$$

を行う．微分を作ると，

$$dx = \cdots = -\frac{4t\,dt}{(1+t^2)^2}.$$

また，

$$1-x^2 = 1-\left(\frac{1-t^2}{1+t^2}\right)^2 = \frac{(1+t^2)^2-(1-t^2)^2}{(1+t^2)^2} = \frac{4t^2}{(1+t^2)^2}.$$

$$\sqrt{1-x^2} = \frac{2t}{1+t^2}.$$

これらを代入すると，

$$\begin{aligned}
\int \frac{a\,dx}{(1-x^2)\sqrt{1-x^2}} &= \int \frac{-\frac{4at}{(1+t^2)^2}}{\frac{4t^2}{(1+t^2)^2} \times \frac{2t}{1+t^2}}\,dt \\
&= \cdots = -\int \frac{a(1+t^2)}{2t^2}\,dt \\
&= -\frac{a}{2}\int\left(\frac{1}{t^2}+1\right)dt = -\frac{a}{2}\left(-\frac{1}{t}+t\right) \\
&= \frac{a(1-t^2)}{2t}
\end{aligned}$$

と計算が進む．ここで，$x = \dfrac{1-t^2}{1+t^2}$ より

$$t^2 = \frac{1-x}{1+x}, \quad t = \sqrt{\frac{1-x}{1+x}}.$$

これらを代入すると，求める積分は

$$\int \frac{a\,dx}{(1-x^2)\sqrt{1-x^2}} = \frac{\frac{2ax}{1+x}}{2\sqrt{\frac{1-x}{1+x}}} = \frac{ax}{\sqrt{1-x^2}}$$

と算出される．

三角関数を用いると

上記の積分は三角関数を用いて変数変換を実行しても算出される．$x = \sin\theta$ と置いて新たな変数 θ を導入すると，$dx = \cos\theta\,d\theta$．これらを代入して計算を進めると，

$$\begin{aligned}
\int \frac{a\,dx}{(1-x^2)\sqrt{1-x^2}} &= \int \frac{a\cos\theta\,d\theta}{\cos^2\theta\cos\theta} \\
&= \int \frac{a\,d\theta}{\cos^2\theta} = a\,\tan\theta = \frac{a\sin\theta}{\cos\theta} = \frac{ax}{\sqrt{1-x^2}}
\end{aligned}$$

となり，先ほどと同じ結果に到達する．

微分方程式にもどって

これで u の形が確定した．すなわち，C を積分定数として，

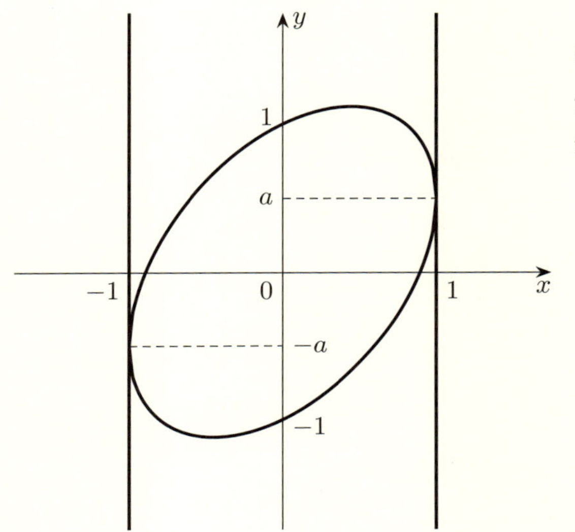

図 1.3　$y = ax + C\sqrt{1 - x^2}$

$$u = \frac{ax}{\sqrt{1 - x^2}} + C$$

となる．これより，x と y を連繋する方程式

$$y = Xu = \sqrt{1 - x^2}\left(\frac{ax}{\sqrt{1 - x^2}} + C\right) = ax + C\sqrt{1 - x^2}$$

が得られる．この方程式に二つの方程式 $x = +1$，$x = -1$ を合わせると，提示された微分方程式のすべての解が手に入る（図 1.3）．

問題 1.9（$dy + Py\,dx = Q\,dx$ という形の微分方程式）

$$dy + \frac{ny\,dx}{\sqrt{1 + x^2}} = a\,dx \quad (a \text{ は定数，} a \neq 0)$$

【解答】

補助関数 X の探索

提示された微分方程式は，

$$P = \frac{n}{\sqrt{1+x^2}}, \quad Q = a$$

と置くと，前問と同様に

$$dy + Py\,dx = Q\,dx$$

という形になる．そこで，X は x の関数，u は新たな変数として

$$y = Xu$$

と置く．目標は，X を適切に定めて，提示された微分方程式を x と u の変数分離型の微分方程式に変形することである．

微分を作ると，

$$dy = X\,du + u\,dX.$$

提示された微分方程式に代入すると，

$$X\,du + u(dX + PX\,dx) = Q\,dx.$$

そこで，

$$dX + PX\,dx = 0$$

となるように X を定める．

変数を分離すると，

$$\frac{dX}{X} = -P\,dx.$$

両辺の積分を作ると，

$$\log X = -\int P\,dx.$$

それゆえ，

$$X = e^{-\int P\,dx}$$

となる．

積分 $-\int P\,dx$ の計算

見通しをよくするために，

$$v = x + \sqrt{1+x^2}$$

と置くと，

$$\frac{1}{v} = \sqrt{1+x^2} - x.$$

それゆえ，C を積分定数として，

$$\begin{aligned} -\int P\,dx &= -\int \frac{n\,dx}{\sqrt{1+x^2}} = -n\log(x+\sqrt{1+x^2}) + C \\ &= \log\frac{1}{v^n} + C = \log(\sqrt{1+x^2}-x)^n + C \end{aligned}$$

と計算が進行する．そこで，定数 C を $C=0$ と定めて，関数 X として

$$X = (\sqrt{1+x^2} - x)^n$$

を採用する．

u と x に関する微分方程式を解く

上記のように関数 X を定めると，u と x に関する微分方程式は

$$X\,du = Q\,dx$$

という形になる．変数を分離すると，

$$du = \frac{Q\,dx}{X}.$$

ここで，

$$\frac{1}{\sqrt{1+x^2}-x} = x + \sqrt{1+x^2} = v$$

に留意して，右辺の微分式の積分を計算する．$x+\sqrt{1+x^2} = v$ より，

$$x = \frac{v^2-1}{2v}.$$

微分を作ると，

$$dx = \frac{1+v^2}{2v^2}\,dv.$$

これらを代入すると，$n \neq \pm 1$ の場合には，C を積分定数として，

$$\int \frac{Q\,dx}{X} = \int av^n \frac{1+v^2}{2v^2}\,dv = \frac{a}{2}\int (v^{n-2} + v^n)\,dv$$

$$= \frac{av^{n-1}}{2(n-1)} + \frac{av^{n+1}}{2(n+1)} + C$$

と計算が進む．これで，

$$u = \frac{av^{n-1}}{2(n-1)} + \frac{av^{n+1}}{2(n+1)} + C$$

が導かれた．

提示された微分方程式の解

以上の計算結果を合わせると，提示された微分方程式の解の表示式が得られる．等式 $X = v^{-n}$ に留意して計算すると，

$$\begin{aligned} y = Xu &= v^{-n} \times \left(\frac{av^{n-1}}{2(n-1)} + \frac{av^{n+1}}{2(n+1)} + C \right) \\ &= Cv^{-n} + \frac{a}{2(n-1)v} + \frac{av}{2(n+1)} \\ &= C(\sqrt{1+x^2} - x)^n + \frac{a}{2(n-1)}(\sqrt{1+x^2} - x) \\ &\qquad + \frac{a}{2(n+1)}(\sqrt{1+x^2} + x) \end{aligned}$$

となる．

もう少し計算を進めると，

$$y = C(\sqrt{1+x^2} - x)^n + \frac{na}{n^2-1}\sqrt{1+x^2} - \frac{ax}{n^2-1}$$

と，きれいな形になる．

$n = 1$ の場合

$n = 1$ の場合には，$X = \dfrac{1}{v}$．よって，C を積分定数として，

$$\begin{aligned} u &= \int \frac{Q\,dx}{X} = \int av \cdot \frac{1+v^2}{2v^2}\,dv \\ &= \frac{a}{2}\int \left(\frac{1}{v} + v \right) dv = \frac{a}{2}\left(\log v + \frac{1}{2}v^2 \right) + C \end{aligned}$$

となる．これより，

$$
\begin{aligned}
y = Xu &= \frac{1}{v} \times \left\{ \frac{a}{2}\left(\log v + \frac{1}{2}v^2\right) + C \right\} \\
&= \cdots \\
&= \frac{a}{2}\left(\sqrt{1+x^2} - x\right)\log\left(\sqrt{1+x^2} + x\right) \\
&\quad + \frac{a}{4}\left(\sqrt{1+x^2} + x\right) + C\left(\sqrt{1+x^2} - x\right)
\end{aligned}
$$

と計算が進んで解に到達する.

$n = -1$ の場合

$n = -1$ の場合には $X = v$. よって, C を積分定数として,

$$
\begin{aligned}
u &= \int \frac{Q\,dx}{X} = \int \frac{a}{v} \cdot \frac{1+v^2}{2v^2}\,dv \\
&= \frac{a}{2}\int \left(\frac{1}{v^3} + \frac{1}{v}\right) dv = \frac{a}{2}\left(-\frac{1}{2v^2} + \log v\right) + C
\end{aligned}
$$

と計算が進む. これより,

$$
\begin{aligned}
y = Xu = v &\times \left\{ \frac{a}{2}\left(-\frac{1}{2v^2} + \log v\right) + C \right\} \\
&= \frac{a}{2}\left(-\frac{1}{2v} + v\log v\right) + Cv \\
&= \cdots \\
&= -\frac{a}{4}\left(\sqrt{1+x^2} - x\right) \\
&\quad + \frac{a}{2}\left(\sqrt{1+x^2} + x\right)\log\left(\sqrt{1+x^2} + x\right) + C\left(\sqrt{1+x^2} + x\right)
\end{aligned}
$$

となり, 解が得られる.

> **問題 1.10**（変数変換の工夫）
>
> $$(y - x)\,dy = \frac{n(1+y^2)\sqrt{1+y^2}\,dx}{\sqrt{1+x^2}} \qquad (n \text{ は定数})$$

【解答】

変数変換の工夫

新しい変数 u を, 等式

$$y = \frac{x-u}{1+xu}$$

によって導入する．このとき，

$$y - x = \frac{x-u-x(1+xu)}{1+xu} = \frac{-u(1+x^2)}{1+xu},$$

$$1+y^2 = 1+\left(\frac{x-u}{1+xu}\right)^2 = \frac{(1+xu)^2+(x-u)^2}{(1+xu)^2}$$

$$= \cdots = \frac{(1+x^2)(1+u^2)}{(1+xu)^2}$$

$$dy = \frac{(dx-du)(1+xu)-(x-u)(x\,du+u\,dx)}{(1+xu)^2}$$

$$= \cdots = \frac{(1+u^2)\,dx-(1+x^2)\,du}{(1+xu)^2}$$

となる．これらを提示された微分方程式に代入すると，等式

$$\frac{-u(1+x^2)}{1+xu}\cdot\frac{(1+u^2)\,dx-(1+x^2)\,du}{(1+xu)^2}$$

$$= \frac{n\,dx}{\sqrt{1+x^2}}\cdot\frac{(1+x^2)(1+u^2)}{(1+xu)^2}\cdot\frac{\sqrt{(1+x^2)(1+u^2)}}{1+xu}$$

が得られる．これより，

$$-u\left\{(1+u^2)\,dx-(1+x^2)\,du\right\} = n(1+u^2)\sqrt{1+u^2}\,dx$$

となるが，これは変数分離型の微分方程式である．変数を分離すると，

$$\frac{dx}{1+x^2} = \frac{u\,du}{(1+u^2)(n\sqrt{1+u^2}+u)}$$

という形になる．

微分式 $\dfrac{u\,du}{(1+u^2)(n\sqrt{1+u^2}+u)}$ の積分

積分

$$\int\frac{u\,du}{(1+u^2)(n\sqrt{1+u^2}+u)}$$

の計算を遂行するために，まず

$$1+u^2 = t^2$$

と置いて新しい変数 t を導入する．微分を作ると，

$$u\,du = t\,dt.$$

また，

$$u = \sqrt{t^2-1}.$$

これらを代入すると，

$$\frac{u\,du}{(1+u^2)(n\sqrt{1+u^2}+u)} = \frac{t\,dt}{t^2(nt+\sqrt{t^2-1})} = \frac{dt}{t(nt+\sqrt{t^2-1})}$$

という形になる．ここで，もう一度，

$$t = \frac{1+s^2}{2s}$$

と置いて新しい変数 s を導入する．このとき，

$$\begin{aligned} t^2-1 &= \left(\frac{1+s^2}{2s}\right)^2 - 1 = \frac{(1-s^2)^2}{4s^2}, \\ dt &= \frac{(s^2-1)\,ds}{2s^2}, \\ \sqrt{t^2-1} &= \frac{1-s^2}{2s}. \end{aligned}$$

これらを代入すると，

$$\begin{aligned} \frac{dt}{t(nt+\sqrt{t^2-1})} &= \frac{\frac{(s^2-1)\,ds}{2s^2}}{\frac{1+s^2}{2s}\left(\frac{n(1+s^2)}{2s}+\frac{1-s^2}{2s}\right)} \\ &= \cdots = \frac{2(s^2-1)}{1+s^2}\cdot\frac{ds}{n+1+(n-1)s^2} \\ &= -\frac{2\,ds}{1+s^2} + \frac{2n\,ds}{n+1+(n-1)s^2} \end{aligned}$$

と式変形が進行する．これで，提示された微分方程式は

$$\frac{dx}{1+x^2} = -\frac{2\,ds}{1+s^2} + \frac{2n\,ds}{n+1+(n-1)s^2}$$

という形に帰着された．左辺の微分式は逆正接関数を用いて積分可能である．右辺の二つの微分式のうち，前者はやはり逆正接関数を用いて積分可能であ

る．後者は n の値に応じて状況が分れるが，$n>1$ または $n<-1$ のときは逆正接関数を用いて積分可能，$-1<n<1$ のときは対数関数を用いて積分可能である．$n=-1$ のときは有理微分式 $\dfrac{ds}{s^2}$ の積分，$n=1$ のときは ds の積分であり，どちらも容易に積分可能である．

提示された微分方程式にもどるには

変数変換を3度まで繰り返すことにより，提示された微分方程式は変数 x と s の間の方程式に還元された．3度の変数変換を再現すると次のとおり．

$$y=\frac{x-u}{1+xu},\quad 1+u^2=t^2,\quad t=\frac{1+s^2}{2s}$$

最後に到達した微分方程式は逆正接関数や対数関数などを用いて積分可能であり，x と s を連繫する方程式が書き下される．その方程式において次々と，s を t で，t を u で，u を y で表示して代入していけば，x と y を連繫する方程式が出現する．それが提示された微分方程式の解である．

第2章
リッカチの微分方程式

オイラーの2論文

オイラーはリッカチの微分方程式に早くから関心を寄せていたようで，その様子は論文

> [E31] 「微分方程式 $ax^n\,dx = dy + y^2\,dx$ のコンストラクション」
> サンクトペテルブルク科学アカデミー紀要，第6巻，1732/3年．1738年刊行．1733年2月16日に科学アカデミーに提出された（[E31] はエネストレームナンバー）．

と，もう1篇の論文

> [E284]「微分方程式 $dy + ay^2\,dx = bx^m\,dx$ の解法について」
> サンクトペテルブルク科学アカデミー新紀要，第9巻，1762/3年．1764年刊行．1760年12月1日に科学アカデミーに提出された．

に現れている．$dy + ay^2\,dx = bx^m\,dx$ という形の微分方程式は，一般に**リッカチの微分方程式**と呼ばれている．この呼称はオイラーの時代にすでに流布していたようで，そのように呼ばれる慣わしになっていると，オイラーも言い添えている．冪指数 m をリッカチの微分方程式の**指数**と呼ぶことにする．

「リッカチの微分方程式」に名を残しているリッカチはイタリアの数学者で，フルネームはヤコポ・フランチェスコ・リッカチ (*Jacopo Francesco Riccati*) である．1676年5月28日にヴェニス共和国のヴェニスに生れ，1754年4月15日にヴェニス共和国のトレヴィーゾで亡くなった．リッカチと同時代の数学者にガブリエーレ・マンフレディ (*Gabriele Manfredi*) という人がいて，微分方程式を研究していたが，リッカチはマンフレディに大きな影響を受け

図 2.1　ヤコポ・フランチェスコ・リッカチ

た模様である．マンフレディは 1681 年 3 月 25 日にボローニャに生れ，1761 年 10 月 5 日に同じボローニャで亡くなった人で，

> 『1 階微分方程式のコンストラクション (*De constructione aequationum differentialium primi gradus*)』（1707 年）

という著作がある．微分方程式研究の方面では最初期の作品と見られているが，リッカチはこの著作を読んだのである．変数分離型の方程式や同次形の方程式を最初に考察したのはマンフレディである．

微分方程式をテーマとするリッカチの講義ノート

> 「1 階および 2 階の微分方程式における不定量の分離と，2 階および高階微分方程式の還元について (*Delia separazione delle indeterminate nelle equazioni differenziali di prima e di secondo grado, e della riduzione delle equazioni differenziali del secondo grado e d'altri gradi ulteriori*)」

も残されている．

問題 2.1（リッカチの微分方程式）

$$dy + y^2\,dx = ax^m\,dx \quad (a, m \text{ は定数．} a \neq 0)$$

【解答】

$m = 0$ **の場合**

問題 1.2 は $m = -2$ の場合のリッカチの微分方程式で，2 度にわたって変数変換を繰り返すことにより変数分離型の方程式に還元し，対数関数や逆正接関数を用いて解を表示することができた．このようなことが可能なのは冪指数 m が特定の形の場合に限られる．

リッカチの微分方程式

$$dy + y^2\,dx = ax^m\,dx$$

は，$m = 0$ の場合には

$$dy = (a - y^2)\,dx$$

という形になる．これは変数分離型である．y が定数で $y^2 = a$ のとき，$dy = 0$ となる．それゆえ，方程式 $y = \sqrt{a}$ はこの微分方程式の解である（$\sqrt{a}$ は自乗すると a になる二つの数 $+\sqrt{a}, -\sqrt{a}$ を表す記号．二つの解 $y = +\sqrt{a}, y = -\sqrt{a}$ が生じる．$a = 0$ のときは $y = 0$ のみ）．$y^2 \neq a$ のとき，変数を分離すると，

$$dx = \frac{dy}{a - y^2}.$$

両辺の積分を作ると，

$$x = \int \frac{dy}{a - y^2}$$

となる．右辺の積分は対数関数や逆正接関数を用いて積分可能である．定数 a の正負に応じて場合が分かれるが，$a > 0$ のときは，C を積分定数として，

$$\begin{aligned}
\int \frac{dy}{a - y^2} &= \frac{1}{2\sqrt{a}} \int \left(\frac{1}{\sqrt{a} + y} + \frac{1}{\sqrt{a} - y} \right) \\
&= \frac{1}{2\sqrt{a}} \left(\log(\sqrt{a} + y) - \log(\sqrt{a} - y) \right) + C \\
&= \frac{1}{2\sqrt{a}} \log \frac{\sqrt{a} + y}{\sqrt{a} - y} + C
\end{aligned}$$

と計算が進行し，対数関数を用いて微分方程式の解が表示された．

$a < 0$ のときは，

$$\int \frac{dy}{a-y^2} = \frac{1}{a}\int \frac{dy}{1+\left(\frac{y}{\sqrt{-a}}\right)^2} = -\frac{1}{\sqrt{-a}}\arctan\left(\frac{y}{\sqrt{-a}}\right)$$

と計算が進む．それゆえ，微分方程式の解は，C を積分定数として，

$$x = -\frac{1}{\sqrt{-a}}\arctan\left(\frac{y}{\sqrt{-a}}\right) + C$$

と表示される．

$m \neq 0$ の場合：第1の変換，m から $\dfrac{-m}{m+1}$ へ

次に，$m \neq 0$ の場合を考察する．b は定数として，変数変換

$$y = \frac{b}{z}$$

を行う．微分計算を適用すると，等式

$$dy = -\frac{b\,dz}{z^2}$$

が得られる．これらをリッカチの微分方程式に代入すると，

$$-\frac{b\,dz}{z^2} + \frac{b^2\,dx}{z^2} = ax^m\,dx.$$

これより

$$-b\,dz + b^2\,dx = ax^m z^2\,dx$$

となる．

ここでもう一度，

$$x^{m+1} = t$$

と置いて新しい変数 t を導入する．微分を計算すると，

$$(m+1)x^m\,dx = dt.$$

よって，

$$x^m\,dx = \frac{dt}{m+1}.$$

よって，

$$ax^m z^2\,dx = az^2(x^m\,dx) = \frac{az^2\,dt}{m+1}$$

となる．また，

$$x = t^{\frac{1}{m+1}}$$

より，

$$dx = \frac{t^{-\frac{m}{m+1}}}{m+1}\,dt$$

となる．これらを代入すると，

$$-b\,dz + \frac{b^2 t^{\frac{-m}{m+1}}}{m+1}\,dt = \frac{az^2\,dt}{m+1}.$$

これより等式

$$b\,dz + \frac{az^2}{m+1}\,dt = \frac{b^2}{m+1} t^{\frac{-m}{m+1}}\,dt$$

が得られる．

ここで定数 b を

$$b = \frac{a}{m+1}$$

と定めると，

$$\frac{a\,dz}{m+1} + \frac{az^2}{m+1}\,dt = \frac{a^2}{(m+1)^3} t^{\frac{-m}{m+1}}\,dt$$

と計算が進み，微分方程式

$$dz + z^2\,dt = \frac{a}{(m+1)^2} t^{\frac{-m}{m+1}}\,dt$$

が得られる．これもまたリッカチの微分方程式である．提示されたリッカチの微分方程式が解けるなら，その解を与える x と y の方程式において

$$y = \frac{a}{(m+1)z}, \quad x = t^{\frac{1}{m+1}}$$

を代入すれば，上記の変換されたリッカチの微分方程式の解が生じる．逆に，この変換されたリッカチの微分方程式が解けるなら，その解を与える t と z の方程式において

$$z = \frac{a}{(m+1)y}, \quad t = x^{m+1}$$

を代入すれば，提示されたリッカチの微分方程式の解が生じる．

$m \neq 0$ の場合：第2の変換，m から $-m-4$ へ

リッカチの微分方程式

$$dy + y^2\,dx = ax^m\,dx$$

において，新しい変数 z を等式

$$y = \frac{1}{x} - \frac{z}{x^2}$$

により導入する．微分を計算すると，

$$dy = -\frac{dx}{x^2} - \frac{dz}{x^2} + \frac{2z\,dx}{x^3}.$$

これらを代入すると，

$$\begin{aligned} dy + y^2\,dx &= \left(-\frac{dx}{x^2} - \frac{dz}{x^2} + \frac{2z\,dx}{x^3}\right) + \left(\frac{1}{x^2} - \frac{2z}{x^3} + \frac{z^2}{x^4}\right) dx \\ &= -\frac{dz}{x^2} + \frac{z^2\,dx}{x^4}. \end{aligned}$$

よって，提示されたリッカチの微分方程式は

$$-\frac{dz}{x^2} + \frac{z^2\,dx}{x^4} = ax^m\,dx$$

という形になる．両辺に x^2 を乗じると，

$$dz - \frac{z^2\,dx}{x^2} = -ax^{m+2}\,dx$$

となる．

ここでもう一度，変数変換

$$x = \frac{1}{t}$$

を行う．微分すると，

$$dx = -\frac{dt}{t^2}.$$

これらを代入すると，

$$dz + z^2\,dt = at^{-m-4}\,dt$$

という形の微分方程式が生じるが，これもまたリッカチの微分方程式である．

提示されたリッカチの微分方程式が解けるなら，その解を与える x と y の方程式において

$$y = t - zt^2, \quad x = \frac{1}{t}$$

を代入すれば，上記の変換されたリッカチの微分方程式の解が生じる．逆に，この変換されたリッカチの微分方程式が解けるなら，その解を与える t と z の方程式において

$$z = x - x^2y, \quad t = \frac{1}{x}$$

を代入すれば，提示されたリッカチの微分方程式の解が生じる．この間の状況は第 1 の変換の場合と同様である．

積分可能なリッカチの微分方程式

第 2 の変換により変換されたリッカチの微分方程式

$$dz + z^2\,dt = at^{-m-4}\,dt$$

は $m = -4$ のとき，

$$dz + z^2\,dt = a\,dt$$

という形になる．これはリッカチの微分方程式 $dy + y^2\,dx = ax^m\,dx$ において $m = 0$ の場合であり，対数関数もしくは逆正接関数を用いて積分可能である．したがって，リッカチの微分方程式 $dy + y^2\,dx = ax^m\,dx$ は $m = -4$ の場合，積分可能である．それゆえ，リッカチの微分方程式

$$dy + y^2\,dx = \frac{a\,dx}{x^4}$$

を第 1 の変換で移して得られるリッカチの微分方程式もまた積分可能である．その方程式の指数 m は，

$$-\frac{-4}{-4+1} = -\frac{4}{3}$$

である．

指数 $-\dfrac{4}{3}$ のリッカチの微分方程式に第 2 の変換を施すと，指数

$$-\left(-\frac{4}{3}\right)-4=-\frac{8}{3}$$

のリッカチの微分方程式が生じる．それも積分可能である．

以下も同様にして指数の算出を続けると，系列

$$-\frac{-\frac{8}{3}}{-\frac{8}{3}+1}=-\frac{8}{5}, \qquad -\frac{-8}{5}-4=-\frac{12}{5},$$
$$-\frac{-\frac{12}{5}}{-\frac{12}{5}+1}=-\frac{12}{7}, \quad -\frac{-12}{7}-4=-\frac{16}{7}, \quad \cdots$$

が得られる．この系列は二つの系列で構成されている．ひとつは

$$-\frac{4}{3}, \quad -\frac{8}{5}, \quad -\frac{12}{7}, \quad \cdots$$

で，一般項の形は

$$\frac{-4i}{2i+1} \quad (i=1,2,3,\ldots)$$

である．もうひとつの系列は

$$-4, \quad -\frac{8}{3}, \quad -\frac{12}{5}, \quad -\frac{16}{7}, \quad \cdots$$

で，一般項の形は

$$\frac{-4i}{2i-1} \quad (i=1,2,3,\ldots)$$

である．

これらの指数のほかに，指数 $m=-2$ のリッカチの微分方程式も積分可能であることは既述のとおりである（問題 1.2 参照）．

$m=-4$ の場合：(1) $a>0$ のとき

$m=-4$ の場合のリッカチの微分方程式

$$dy+y^2\,dx=\frac{a\,dx}{x^4}$$

は，2度にわたる変数変換

$$y=\frac{1}{x}-\frac{z}{x^2}, \quad x=\frac{1}{t}$$

により変数分離型の微分方程式

$$dz + z^2\,dt = a\,dt$$

に変換される．z が定数で $z^2 = a$ のとき，リッカチの微分方程式の解

$$y = \frac{1}{x} - \frac{\sqrt{a}}{x^2}$$

が得られる．

$z^2 \neq a$ のとき，変数を分離すると，

$$dt = \frac{dz}{a - z^2}$$

となる．両辺の積分を作ると，

$$t = \int \frac{dz}{a - z^2}.$$

右辺の積分は，C を積分定数として，

$$\begin{aligned}\int \frac{dz}{a - z^2} &= \frac{1}{2\sqrt{a}} \int \left(\frac{1}{\sqrt{a} + z} + \frac{1}{\sqrt{a} - z} \right) + C \\ &= \cdots = \frac{1}{2\sqrt{a}} \log \frac{\sqrt{a} + z}{\sqrt{a} - z} + C\end{aligned}$$

と計算される（$\sqrt{a}$ は「自乗すると a になる二つの数のうち，正のほうを表すものとする」）．それゆえ，上記の変数分離型微分方程式の解は

$$t = \frac{1}{2\sqrt{a}} \log \frac{\sqrt{a} + z}{\sqrt{a} - z} + C$$

という形になる．ここに

$$t = \frac{1}{x}, \quad z = x(1 - xy)$$

を代入すると，

$$\frac{1}{x} = \frac{1}{2\sqrt{a}} \log \frac{\sqrt{a} + x(1 - xy)}{\sqrt{a} - x(1 - xy)} + C$$

となる．定数 $2\sqrt{a}\,C$ をあらためて C と表記すると，

$$\frac{2\sqrt{a}}{x} = \log \frac{\sqrt{a} + x(1 - xy)}{\sqrt{a} - x(1 - xy)} + C$$

という形になる．これが提示された微分方程式の一般解である．

$m=-4$ の場合：(2) $a<0$ のとき

$a<0$ の場合には，次のように積分の計算が進行する．C は積分定数である．

$$\int \frac{dz}{a-z^2} = \frac{1}{a}\int \frac{dz}{\left(\frac{z}{\sqrt{-a}}\right)^2+1} = \cdots = -\frac{1}{\sqrt{-a}}\tan\frac{z}{\sqrt{-a}} + C$$

この方程式において $t=\dfrac{1}{x}$, $z=x(1-xy)$ を代入すると，提示された微分方程式の一般解

$$\frac{1}{x} = -\frac{1}{\sqrt{-a}}\tan\frac{x(1-xy)}{\sqrt{-a}} + C$$

が得られる（$\sqrt{-a}$ は「自乗すると $-a$ になる二つの数」のうち，どちらか一方を表すものとする）．

第3章 全微分方程式（2変数の場合）

全微分方程式の視点から

これまでのところで観察した微分方程式はみな

$$P\,dx + Q\,dy = 0$$

という形であった．ここで，P, Q は x, y の関数である．解法のための基本的なアイデアは変数変換を行って変数分離型の微分方程式に変形することであり，それから先は微分式の積分の計算の工夫に帰着されていく．本節で取り上げるのはもうひとつの解法である．

微分式 $\omega = P\,dx + Q\,dy$ に対し，2 個の変数 x, y の関数 Z が見つかって，等式

$$dZ = \omega$$

が成立することがある．この場合，ω を**完全微分式**と呼ぶことにする．この等式は，ω が関数 Z の全微分として生成されることを意味するから，P, Q は Z のそれぞれ x, y に関する偏微分係数であり，

$$P = \frac{\partial Z}{\partial x}, \quad Q = \frac{\partial Z}{\partial y}$$

と表示される．等式

$$\frac{\partial^2 Z}{\partial x \partial y} = \frac{\partial^2 Z}{\partial y \partial x}$$

により，P と Q が満たすべき等式

$$\frac{\partial P}{\partial y} = \frac{\partial Q}{\partial x}$$

が導かれる．

微分式 ω が完全微分で，関数 Z の全微分であるとき，C は定数として，等式

$$Z = C$$

を書き下すと，これは微分方程式 $\omega = 0$ の一般解を与えている．それゆえ，ここに微分方程式の新たな解法の芽が萌している．

完全微分式の一例を挙げると，

$$\omega = x\,dx + y\,dy$$

は完全微分式である．実際，ω は関数

$$Z = \frac{1}{2}(x^2 + y^2)$$

の全微分である．この例では

$$P = x, \quad Q = y$$

であるから，$\dfrac{\partial P}{\partial y} = 0$，$\dfrac{\partial Q}{\partial x} = 0$．それゆえ，条件

$$\frac{\partial P}{\partial y} = \frac{\partial Q}{\partial x}$$

は満たされている．

等式 $dZ = \omega$ が成立するから，C は定数とするとき，等式

$$\frac{1}{2}(x^2 + y^2) = C,$$

あるいは，$2C$ をあらためて C と表記することにして，等式

$$x^2 + y^2 = C$$

は微分方程式

$$x\,dx + y\,dy = 0$$

の一般解である．この微分方程式は変数分離型であるから，変数を分離して積分を遂行しても解くことができて，同一の一般解が見出だされる．

問題 3.1

$$(\alpha x + \beta y + \gamma)\,dx + (\beta x + \delta y + \varepsilon)\,dy = 0$$

【解答】

完全形であることの確認

問題 1.6 と似通っているが，係数の配置が異なっている．提示された微分方程式の dx, dy の係数をそれぞれ

$$P = \alpha x + \beta y + \gamma, \quad Q = \beta x + \delta y + \varepsilon$$

と置くと，等式

$$\frac{\partial P}{\partial y} = \frac{\partial Q}{\partial x} = \beta$$

が成立する．それゆえ，微分式 $\omega = P\,dx + Q\,dy$ は完全形である．

関数 Z の探索

等式

$$dZ = P\,dx + Q\,dy$$

を満たす関数 Z を探索する．まず，y を定数と見て，等式 $dZ = P\,dx + Q\,dy$ の両辺の x に関する積分を作ると，

$$Z = \int P\,dx + Y = \frac{1}{2}\alpha x^2 + \beta yx + \gamma x + Y$$

という形になる．ここで，Y は y のみの関数である．

Z を x, y の関数と見て全微分を作ると，

$$dZ = (\alpha x + \beta y + \gamma)\,dx + \beta x\,dy + dY = P\,dx + Q\,dy.$$

それゆえ，

$$Q\,dy = \beta x\,dy + dY.$$

よって，

$$dY = Q\,dy - \beta x\,dy = (\beta x + \delta y + \varepsilon)\,dy - \beta x\,dy = (\delta y + \varepsilon)\,dy$$

となる．積分計算を実行すると，関数 Y のひとつとして

$$Y = \frac{1}{2}\delta y^2 + \varepsilon y$$

が得られる．これで関数 Z は

$$Z = \frac{1}{2}\alpha x^2 + \beta yx + \gamma x + \frac{1}{2}\delta y^2 + \varepsilon y$$

となることが明らかになった．

提示された微分方程式の解

関数 Z を定数 C と等値すると，等式

$$\frac{1}{2}\alpha x^2 + \beta yx + \gamma x + \frac{1}{2}\delta y^2 + \varepsilon y = C$$

が得られる．これが提示された微分方程式の一般解である．

問題 3.2

$$\frac{dy}{y} = \frac{x\,dy - y\,dx}{y\sqrt{x^2+y^2}}, \quad \text{別形} \quad \frac{dx}{\sqrt{x^2+y^2}} + \frac{1}{y}\left(1 - \frac{x}{\sqrt{x^2+y^2}}\right)dy = 0$$

【解答】

完全形であることの確認

この問題では，提示された微分方程式の dx, dy の係数はそれぞれ

$$P = \frac{1}{\sqrt{x^2+y^2}}, \quad Q = \frac{1}{y} - \frac{x}{y\sqrt{x^2+y^2}}$$

であり，等式

$$\frac{\partial P}{\partial y} = \frac{\partial Q}{\partial x} = -\frac{y}{(x^2+y^2)\sqrt{x^2+y^2}}$$

が成立する．したがって，提示された微分方程式は完全形であり，

$$dZ = P\,dx + Q\,dy$$

となる関数 Z が存在する．

変数 y を定数と見て積分を実行する

y を定数と見て等式 $dZ = P\,dx + Q\,dy$ の両辺の積分を作ると，Y は y のみの関数として，

$$Z = \int P\,dx + Y$$

という形の等式が得られる．計算を進めると，

$$\int P\,dx = \int \frac{dx}{\sqrt{x^2+y^2}} = \log(x + \sqrt{x^2+y^2})$$

となる．それゆえ，

$$\begin{aligned}
dZ &= P\,dx + \frac{\frac{y\,dy}{\sqrt{x^2+y^2}}}{x+\sqrt{x^2+y^2}} + dY \\
&= P\,dx + \frac{y\,dy}{(x+\sqrt{x^2+y^2})\sqrt{x^2+y^2}} + dY \\
&= P\,dx + \frac{y(\sqrt{x^2+y^2}-x)\,dy}{y^2\sqrt{x^2+y^2}} + dY \\
&= P\,dx + \frac{(\sqrt{x^2+y^2}-x)\,dy}{y\sqrt{x^2+y^2}} + dY \\
&= P\,dx + \left(\frac{1}{y} - \frac{x}{y\sqrt{x^2+y^2}}\right) dy + dY \\
&= P\,dx + Q\,dy
\end{aligned}$$

と計算が進み，等式

$$dY = 0$$

が得られる．これより Y は定数であることが判明する．

解法の続き

関数 Y として $Y = 0$ を採用すると，関数 Z は

$$Z = \int P\,dx = \log(x + \sqrt{x^2+y^2})$$

であることがわかる．それゆえ，C を定数として等式

$$\log(x+\sqrt{x^2+y^2})=C$$

を作ると，これが提示された微分方程式の解である．

x を定数と見て出発すると

x を定数と見て，

$$Z=\int Q\,dy+X$$

と置く．ここで，X は x のみの関数である．積分 $\int Q\,dy$ を計算すると，

$$\int Q\,dy=\int\left(\frac{1}{y}-\frac{x}{y\sqrt{x^2+y^2}}\right)dy=\log y-x\int\frac{dy}{y\sqrt{x^2+y^2}}.$$

右辺の第2の積分において，変数変換 $y=\dfrac{1}{z}$ を行うと，$dy=-\dfrac{dz}{z^2}$ より，

$$\begin{aligned}\int\frac{dy}{y\sqrt{x^2+y^2}}&=\int\frac{-\frac{dz}{z^2}}{\frac{1}{z}\sqrt{x^2+\frac{1}{z^2}}}=-\int\frac{dz}{\sqrt{x^2z^2+1}}\\&=-\frac{1}{x}\log(xz+\sqrt{x^2z^2+1})=-\frac{1}{x}\log\left(\frac{x}{y}+\sqrt{\frac{x^2}{y^2}+1}\right)\\&=-\frac{1}{x}\log\frac{x+\sqrt{x^2+y^2}}{y}\end{aligned}$$

と計算が進む．これより，

$$\int Q\,dy=\log y+\log\frac{x+\sqrt{x^2+y^2}}{y}=\log(x+\sqrt{x^2+y^2}).$$

ここで x を変数と見て，x に関して微分すると，

$$d\left(\log(x+\sqrt{x^2+y^2})\right)=\frac{dx}{\sqrt{x^2+y^2}}$$

となる．

以上の計算を集めると，Z を x と y の関数と見て，

$$dZ=Q\,dy+\frac{dx}{\sqrt{x^2+y^2}}+dX$$

となる．これを $P\,dx+Q\,dy$ と等値すると，等式

$$\frac{dx}{\sqrt{x^2+y^2}} + dX = P\,dx$$

が生じるが，$P = \dfrac{1}{\sqrt{x^2+y^2}}$ であるから，$dX = 0$ となる．そこで $X = 0$ ととると，

$$Z = \int Q\,dy = \log(x + \sqrt{x^2+y^2}).$$

これを定数 C と等値して，提示された微分方程式の解

$$\log(x + \sqrt{x^2+y^2}) = C$$

が得られる．この解は前に y を定数と見て出発したときに得られた解と同一である．

問題 3.1 と問題 3.2 の解法を顧みて

ここまでの解法手順を振り返ると，まず y を定数と見て x に関する積分 $\int P\,dx$ を作り，次にこの積分を x と y の関数と見てその微分を作ったところ，

$$d\left(\int P\,dx\right) = P\,dx + V\,dy$$

という形の式が得られた．それゆえ，$dZ = P\,dx + V\,dy + dY$ となるが，これを $dZ = P\,dx + Q\,dy$ と等置すると，$V\,dy + dY = Q\,dy$．よって，

$$dY = (Q - V)\,dy$$

となる．上記の二つの問題では dY が変数 y のみの関数 $g(y)$ を係数とする $g(y)\,dy$ という形の微分式になり，そのおかげで計算が進行して関数 Y の形を定めることができた．これは偶然ではなく，等式

$$\frac{\partial P}{\partial y} = \frac{\partial Q}{\partial x}$$

に支えられている現象である．

一般に，微分式 $P(x,y)\,dx$ の x に関する積分を作る際，上限と下限を明記して

$$W(x,y) = \int_f^x P\,dx$$

と表記してみよう．下限 f は任意に指定する．そのうえで，

$$Z = W(x,y) + Y(y)$$

と置く．$Y(y)$ は変数 y のみの関数である．この関数を適当に定めて，関数 Z の微分が等式

$$dZ = P\,dx + Q\,dy$$

を満たすようにすることを考える．変数 x に関する微分を d_x で表すと，

$$d_x W = P\,dx$$

となる．もうひとつの変数 y に関する微分を d_y で表して，

$$d_y W = V\,dy$$

と置く．$\dfrac{\partial P}{\partial y} = \dfrac{\partial Q}{\partial x}$ により，

$$\begin{aligned} V\,dy = d_y W = d_y\left(\int_f^x P\,dx\right) &= \left(\int_f^x \frac{\partial P}{\partial y}\,dx\right) dy \\ &= \left(\int_f^x \frac{\partial Q}{\partial x}\,dx\right) dy = (Q(x,y) - Q(f,y))\,dy \end{aligned}$$

と計算が進行する．よって，

$$V = Q(x,y) - Q(f,y).$$

それゆえ，

$$Q - V = Q(f,y)$$

となり，$Q - V$ は y のみの関数であることが判明する．

微分 dZ を計算すると，

$$dZ = dW + dY = d_x W + d_y W + dY = P\,dx + V\,dy + dY.$$

これより，

$$V\,dy + dY = Q\,dy.$$

よって，

$$dY = (Q - V)\,dy = Q(f, y)\,dy.$$

それゆえ，関数 Y は

$$Y = \int_g^y Q(f, y)\,dy$$

と表される．ここで，右辺の積分の下限 g は任意にとる．

以上の計算により，関数 Z は

$$Z = W + Y = \int_f^x P(x, y)\,dx + \int_g^y Q(f, y)\,dy$$

という形であることが明らかになった．この関数を定数と等値して得られる方程式 $Z = C$（C は定数）が，提示された微分方程式 $P\,dx + Q\,dy = 0$ の解である．

問題 3.3

$$(a^2 + 2xy + x^2)\,dx + (x^2 + y^2 - a^2)\,dy = 0 \quad (a\text{ は定数})$$

【解答】

完全形であることを確認する

提示された微分方程式の左辺に現れる二つの微分式の係数を，それぞれ

$$P = a^2 + 2xy + x^2, \quad Q = x^2 + y^2 - a^2$$

と表記すると，

$$\frac{\partial P}{\partial y} = 2x, \quad \frac{\partial Q}{\partial x} = 2x.$$

よって，等式

$$\frac{\partial P}{\partial y} = \frac{\partial Q}{\partial x}$$

が成立し，x, y の関数 Z で，等式

$$dZ = P\,dx + Q\,dy$$

を満たすものが存在する．この関数の形を具体的に求め，それを定数と等値して等式

$$Z = C$$

を書けば，それが提示された微分方程式の解である．

変数のひとつを定数と見て積分を実行する

y を定数と見て等式 $dZ = P\,dx + Q\,dy$ の両辺の積分を作ると，

$$Z = \int P\,dx + Y$$

という形の等式が生じる．ここで，Y は変数 y のみの関数である．

具体的に計算を進めると，まず積分

$$\int P\,dx = a^2x + x^2y + \frac{1}{3}x^3$$

が算出される（Z の具体的な一例の獲得がめざされているのであるから，積分定数を書き添える必要はない）．よって，関数 Z は

$$Z = a^2x + x^2y + \frac{1}{3}x^3 + Y$$

という形になる．それゆえ，

$$dZ = P\,dx + x^2\,dy + dY.$$

これを $dZ = P\,dx + Q\,dy$ と等値すると，関数 Y が満たすべき方程式は

$$dY = (Q - x^2)dy = (y^2 - a^2)\,dy$$

という形になる．これより，

$$Y = \frac{1}{3}y^3 - a^2y$$

が得られる．

関数 Z の決定

これを $Z = \int P\,dx + Y$ に代入すると，

$$Z = a^2x + x^2y + \frac{1}{3}x^3 + \frac{1}{3}y^3 - a^2y$$

と計算が進み，関数 Z の形が確定する．これを定数 C と等値すると，

$$a^2x + x^2y + \frac{1}{3}x^3 + \frac{1}{3}y^3 - a^2y = C$$

となる．これが提示された微分方程式の解である．

x を定数と見ると

変数 x のほうを定数と見て出発しても同じ結果に到達する．今度は，

$$Z = \int Q\,dy + X$$

と置く．ここで，X は x のみの関数である．計算を進めると，

$$\int Q\,dy = x^2y + \frac{1}{3}y^3 - a^2y.$$

これを x に関して微分すると，

$$d_x\left(\int Q\,dy\right) = 2xy\,dx.$$

Z を x と y の関数と見て微分を作ると，

$$dZ = 2xy\,dx + Q\,dy + dX$$

となる．これを $P\,dx + Q\,dy$ と等値すると，等式

$$2xy\,dx + dX = P\,dx.$$

すなわち

$$2xy\,dx + dX = (a^2 + 2xy + x^2)\,dx$$

が生じる．それゆえ，

$$dX = (a^2 + x^2)\,dx$$

となり，ここから

$$X = a^2x + \frac{1}{3}x^3$$

が得られる．よって，関数 Z は，

$$Z = \int Q\,dy + X = x^2y + \frac{1}{3}y^3 - a^2y + a^2x + \frac{1}{3}x^3$$

という形になる．これを定数 C と等値して，方程式

$$x^2y + \frac{1}{3}y^3 - a^2y + a^2x + \frac{1}{3}x^3 = C$$

を作ると，提示された微分方程式の解が得られる．この解は前に y を定数と見て出発して得られた解と同一である．

問題 3.4（乗法子の探索）

$$\alpha y\,dx + \beta x\,dy = 0 \quad (\alpha, \beta \text{ は定数})$$

【解答】

$\alpha = \beta$ の場合

dx, dy の係数をそれぞれ

$$P = \alpha y, \quad Q = \beta x$$

と置くと，

$$\frac{\partial P}{\partial y} = \alpha, \quad \frac{\partial Q}{\partial x} = \beta$$

となる．それゆえ，$\alpha \neq \beta$ の場合には $\frac{\partial P}{\partial y} \neq \frac{\partial Q}{\partial x}$ となり，$\omega = P\,dx + Q\,dy$ は完全微分式ではない．

$\alpha = \beta$ の場合には，ω は完全微分式である．実際，関数 $Z = \alpha xy$ に対し等式 $\omega = dZ$ が成立する．

変数を分離して積分する

以下，$\alpha \neq \beta$ の場合を考える．この場合，微分式 $\omega = P\,dx + Q\,dy$ は完全ではなく，何らかの関数 Z の全微分になることはありえないが，提示された微分方程式は変数分離型である．等式 $x = 0$ と $y = 0$ はいずれもこの微分方程式の解である．他の解の探索をめざして変数を分離すると，

$$\frac{\alpha\,dx}{x} + \frac{\beta\,dy}{y} = 0$$

という形になるが，ここで具体的に実行したのは「両辺を xy で割る」という作業である．

このようにしたうえで両辺の積分を作ると，C を積分定数として，等式

$$\int \frac{\alpha\,dx}{x} + \int \frac{\beta\,dy}{y} = C$$

が得られる．積分計算を実行すると，

$$\alpha \log x + \beta \log y = C$$

となる．それゆえ，

$$\log x^\alpha y^\beta = C.$$

そこで，定数 e^C をあらためて C と表記すると，等式

$$x^\alpha y^\beta = C$$

が得られる．これが提示された微分方程式の一般解である．

完全微分式への変換

変数分離法による解法の手順を回想すると，提示された微分方程式 $\alpha y\,dx + \beta x\,dy = 0$ の両辺を xy で割ることによって変数が分離され，積分可能な状態が現れたのであった．これを言い換えると，関数

$$M = \frac{1}{xy}$$

を乗じれば積分可能になるということである．実際，M を乗じて得られる微分方程式

$$\frac{\alpha\,dx}{x} + \frac{\beta\,dy}{y} = 0$$

において，dx, dy の係数をそれぞれ

$$P_1 = \frac{\alpha}{x}, \quad Q_1 = \frac{\beta}{y}$$

と置けば，$\dfrac{\partial P_1}{\partial y} = 0$, $\dfrac{\partial Q_1}{\partial x} = 0$. それゆえ，等式

$$\frac{\partial P_1}{\partial y} = \frac{\partial Q_1}{\partial x}$$

が成立し，微分式 $\omega_1 = P_1\,dx + Q_1\,dy$ は完全であることが明らかになる．実際，この微分式は関数

$$Z_1 = \alpha \log x + \beta \log y$$

の全微分である．そこでこの関数を定数 C と等値すれば，提示された微分方程式の一般解 $\alpha \log x + \beta \log y = C$ が得られる．この解は変数を分離して積分する手順を経て見出だされた解と一致する．

乗法子

関数 M には微分式 $\omega = \alpha y\,dx + \beta x\,dy$ を完全微分式に変換する力が備わっている．このような関数を ω の**乗法子**と呼ぶ．

問題 3.5（乗法子の探索）

$$\frac{xy}{x^2+y^2}\,dx - dy = 0$$

【解答】

完全形ではないことを確認する

微分式

$$\omega = \frac{xy}{x^2+y^2}\,dx - dy$$

は完全ではない．実際，dx, dy の係数をそれぞれ

$$P = \frac{xy}{x^2+y^2}, \quad Q = -1$$

と置くと，

$$\frac{\partial P}{\partial y} = \frac{x}{x^2+y^2} - \frac{2xy^2}{(x^2+y^2)^2} = \cdots = \frac{x(x^2-y^2)}{(x^2+y^2)^2}$$

$$\frac{\partial Q}{\partial x} = 0$$

となり，$\dfrac{\partial P}{\partial y}$ と $\dfrac{\partial Q}{\partial x}$ は一致しない．

変数分離型の微分方程式に変換する

他方，提示された微分方程式は同次形であるから，

$$y = xu$$

と置いて新しい変数 u を導入すれば，変数分離型に変換される．微分を作ると，

$$dy = u\,dx + x\,du.$$

代入すると，

$$\begin{aligned}\omega &= \frac{xy}{x^2+y^2}\,dx - dy = \frac{u^2}{1+u^2}\,dx - (u\,dx + x\,du) \\ &= \left(\frac{u}{1+u^2} - u\right)dx - x\,du = -\frac{u^3}{1+u^2}\,dx - x\,du.\end{aligned}$$

これを 0 と等値すると，

$$-\frac{u^3}{1+u^2}\,dx = x\,du$$

となる．この微分方程式の両辺を

$$-\frac{xu^3}{1+u^2}$$

で割ると変数が分離されて，

$$\frac{dx}{x} = -\frac{1+u^2}{u^3}\,du$$

という形になる．両辺の積分を作ると，

$$\begin{gathered}\int \frac{dx}{x} = \log x, \\ -\int \frac{1+u^2}{u^3}\,du = -\int \left(\frac{1}{u^3} + \frac{1}{u}\right) = \frac{1}{2u^2} - \log u\end{gathered}$$

と計算が進む．それゆえ，上記の変数分離型微分方程式の解は，積分定数を C として，

$$\log x = \frac{1}{2u^2} - \log u + C$$

となる．$u=\dfrac{y}{x}$ を代入すると，等式

$$\log y=\frac{x^2}{2y^2}+C$$

が得られる．これが提示された微分方程式の解である．

乗法子の探索

ここまでの計算を顧みると，微分方程式

$$-\frac{u^3}{1+u^2}\,dx=x\,du$$

は関数

$$-\frac{xu^3}{1+u^2}$$

で割ることにより，換言すると，関数

$$M=-\frac{1+u^2}{xu^3}$$

を乗じることにより変数が分離され，積分可能な形に変換された．$u=\dfrac{y}{x}$ を代入すると，

$$M=-\frac{x^2+y^2}{y^3}$$

という形になるが，これが微分式

$$\omega=\frac{xy}{x^2+y^2}\,dx-dy$$

の乗法子である．

実際，ω に M を乗じると，

$$\begin{aligned}M\omega&=-\frac{x}{y^2}\,dx+\frac{x^2+y^2}{y^3}\,dy=\left(-\frac{x}{y^2}\,dx+\frac{x^2}{y^3}\,dy\right)+\frac{dy}{y}\\&=d\left(-\frac{x^2}{2y^2}\right)+d(\log y)=d\left(-\frac{x^2}{2y^2}+\log y\right)\end{aligned}$$

と計算が進み，$M\omega$ は関数 $-\dfrac{x^2}{2y^2}+\log y$の全微分であることが判明する．こ

の関数を定数 C と等値して，等式

$$-\frac{x^2}{2y^2} + \log y = C$$

が得られる．これが提示された微分方程式の解であり，前に変数分離型の微分方程式に変換して求めた解と同一である．

問題 3.6（問題 1.6 再論．乗法子の探索）

$$(\alpha x + \beta y + \gamma)\,dx + (\delta x + \varepsilon y + \zeta)\,dy = 0$$

（$\alpha, \beta, \gamma, \delta, \varepsilon, \zeta$ は定数．ここで，$\alpha\varepsilon - \beta\delta \neq 0$）

【解答】

変数分離型に変換する

問題 1.6 と同じ形だが，係数の配置が少し異なっている．dx, dy の係数をそれぞれ

$$r = \alpha x + \beta y + \gamma, \quad s = \delta x + \varepsilon y + \zeta$$

と置く．微分を作ると，

$$dr = \alpha\,dx + \beta\,dy, \quad ds = \delta\,dx + \varepsilon\,dy$$

となる．これより

$$dx = \frac{\varepsilon\,dr - \beta\,ds}{\alpha\varepsilon - \beta\delta}, \quad dy = \frac{\alpha\,ds - \delta\,dr}{\alpha\varepsilon - \beta\delta}$$

が導かれる．これらを提示された微分方程式 $r\,dx + s\,dy = 0$ に代入すると，

$$\varepsilon r\,dr - \beta r\,ds + \alpha s\,ds - \delta s\,dr = 0$$

という形になる．これは r, s に関する同次式であるから，$r = su$ と置いて新しい変数 u を導入すれば変数が分離される．

$r = su$ の両辺の微分を作ると，$dr = s\,du + u\,ds$．これらを代入すると，

$$\begin{aligned}
&\varepsilon r\,dr - \beta r\,ds + \alpha s\,ds - \delta s\,dr \\
&\quad = \varepsilon su(s\,du + u\,ds) - \beta su\,ds + \alpha s\,ds - \delta s(s\,du + u\,ds)
\end{aligned}$$

$$= \varepsilon s^2 u\,du + \varepsilon s u^2\,ds - \beta s u\,ds + \alpha s\,ds - \delta s^2\,du - \delta s u\,ds$$
$$= s^2(\varepsilon u - \delta)\,du + s(\varepsilon u^2 - \beta u - \delta u + \alpha)\,ds = 0$$

という形になり，変数の分離が可能になる．これは，

$$s^2(\varepsilon u^2 - \beta u - \delta u + \alpha)$$

で割ることにより実行されて，

$$\frac{(\varepsilon u - \delta)\,du}{\varepsilon u^2 - \beta u - \delta u + \alpha} + \frac{ds}{s} = 0$$

となる．ここに見られる二つの積分は既知の関数で表示される．

二つの微分式の積分の計算

二つの積分のうち，微分式 $\dfrac{ds}{s}$ の積分は

$$\int \frac{ds}{s} = \log s$$

と計算される．もうひとつの微分式については，

$$\frac{\varepsilon u - \delta}{\varepsilon u^2 - \beta u - \delta u + \alpha} = \frac{1}{2}\frac{2\varepsilon u - \beta - \delta}{\varepsilon u^2 - \beta u - \delta u + \alpha} + \frac{\beta - \delta}{2}\frac{1}{\varepsilon u^2 - (\beta + \delta)u + \alpha}$$

と変形すると，$\varepsilon \neq 0$ の場合には，

$$\int \frac{\varepsilon u - \delta}{\varepsilon u^2 - \beta u - \delta u + \alpha}\,du = \frac{1}{2}\log(\varepsilon u^2 - \beta u - \delta u + \alpha) + \frac{\beta - \delta}{2\varepsilon}\int \frac{du}{u^2 - \frac{\beta+\delta}{\varepsilon}u + \frac{\alpha}{\varepsilon}}$$

と計算が進む．右辺の積分は周知の方法で計算できる（対数もしくは逆正接関数を用いる）．

$\varepsilon = 0$ の場合，およびその他の場合については計算を省略する（容易に計算が進行する）．

乗法子

ここまでのところで明らかになったのは，提示された微分方程式は $s^2(\varepsilon u^2 -$

$\beta u-\delta u+\alpha)$ で割ると積分可能になるという一事である．そこで，

$$M=\frac{1}{s^2(\varepsilon u^2-\beta u-\delta u+\alpha)}$$

と置く．計算を進めると，

$$\begin{aligned}s^2(\varepsilon u^2-\beta u-\delta u+\alpha)&=\varepsilon r^2-\beta rs-\delta rs+\alpha s^2\\&=r(\varepsilon r-\beta s)+s(\alpha s-\delta r)\\&=(\alpha x+\beta y+\gamma)((\alpha\varepsilon-\beta\delta)x+\gamma\varepsilon-\beta\zeta)\\&\quad+(\delta x+\varepsilon y+\zeta)((\alpha\varepsilon-\beta\delta)y+\alpha\zeta-\gamma\delta)\\&=(\alpha\varepsilon-\beta\delta)(\alpha x^2+(\beta+\delta)xy+\varepsilon y^2+\gamma x+\zeta y)\\&\quad+Ax+By+C\end{aligned}$$

ここで，

$$\begin{aligned}A&=\alpha\gamma\varepsilon-(\beta-\delta)\alpha\zeta-\gamma\delta^2\\B&=\alpha\varepsilon\zeta+(\beta-\delta)\gamma\varepsilon-\beta^2\zeta\\C&=\alpha\zeta^2-(\beta+\delta)\gamma\zeta+\gamma^2\varepsilon\end{aligned}$$

と置いた．

M は x,y の関数であり，微分式

$$\omega=(\alpha x+\beta y+\gamma)\,dx+(\delta x+\varepsilon y+\zeta)\,dy$$

に乗じることによりこの微分式を完全にする性質を備えている．言い換えると，M は微分式 ω の乗法子である．

問題 3.7（問題 1.10 再論．乗法子の探索）

$$\frac{n(1+y^2)\sqrt{1+y^2}\,dx}{\sqrt{1+x^2}}+(x-y)\,dy=0$$

【解答】

問題 1.10 の解法の回想

問題 1.10 の解法では等式

$$y = \frac{x-u}{1+xu}$$

により新しい変数 u を導入し，提示された微分方程式を

$$\frac{u(1+u^2)\,dx - u(1+x^2)\,du}{(1+xu)^3} + \frac{n(1+u^2)\sqrt{1+u^2}\,dx}{(1+xu)^3} = 0$$

という形に変形した．$(1+xu)^3$ を乗じると，

$$u(1+u^2)\,dx - u(1+x^2)\,du + n(1+u^2)\sqrt{1+u^2}\,dx = 0$$

となるが，ここでさらに

$$(1+x^2)(1+u^2)(u+n\sqrt{1+u^2})$$

で割ると，変数が分離されて

$$\frac{dx}{1+x^2} = \frac{u\,du}{u+n\sqrt{1+u^2}}$$

となる．これを積分して，提示された微分方程式の解が求められた．

乗法子

上記の解法の手順を振り返ると，u と x に関する微分方程式

$$\frac{u(1+u^2)\,dx - u(1+x^2)\,du}{(1+xu)^3} + \frac{n(1+u^2)\sqrt{1+u^2}\,dx}{(1+xu)^3} = 0$$

は，関数

$$M = \frac{(1+xu)^3}{(1+x^2)(1+u^2)(u+n\sqrt{1+u^2})}$$

を乗じることにより変数分離型の微分方程式に変換され，積分が可能になった．それゆえ，この関数を x, y の関数に変換すれば，それは提示された微分方程式を構成する微分式

$$\omega = \frac{n(1+y^2)\sqrt{1+y^2}\,dx}{\sqrt{1+x^2}} + (x-y)\,dy$$

の乗法子である．

$y = \dfrac{x-u}{1+xu}$ より，

$$u=\frac{x-y}{1+xy}.$$

また，

$$1+y^2=\frac{(1+x^2)(1+u^2)}{(1+xu)^2}.$$

よって，

$$1+u^2=\frac{(1+y^2)(1+xu)^2}{1+x^2}.$$

これを M の表示式に代入すると，

$$M=\frac{1+xu}{(1+y^2)(u+n\sqrt{1+u^2})}$$

となる．さらに，$u=\dfrac{x-y}{1+xy}$ を代入すると，

$$\begin{aligned}M&=\frac{1+\frac{x(x-y)}{1+xy}}{(1+y^2)\left(\frac{x-y}{1+xy}+n\sqrt{1+\left(\frac{x-y}{1+xy}\right)^2}\right)}\\&=\frac{1+x^2}{(1+y^2)(x-y+n\sqrt{(1+xy)^2+(x-y)^2})}\\&=\frac{1+x^2}{(1+y^2)(x-y+n\sqrt{(1+x^2)(1+y^2)})}\end{aligned}$$

となる．これが提示された微分方程式の乗法子である．

問題 3.8（リッカチの微分方程式．$m=-4$ の場合．再論．乗法子の探索）

$$dy+y^2\,dx-\frac{a\,dx}{x^4}=0\quad（a\text{ は定数，}a\neq 0）$$

【解答】

等式 $\dfrac{\partial P}{\partial y}=\dfrac{\partial Q}{\partial x}$ が成立しない場合の工夫

提示された微分方程式を構成する二つの微分式において，dx, dy の係数をそれぞれ

$$P=y^2-\frac{a}{x^4},\quad Q=1$$

と表記すると，

$$\frac{\partial P}{\partial y} = 2y, \quad \frac{\partial Q}{\partial x} = 0$$

となり，この二つの偏微分係数は一致しない．それゆえ，等式

$$dZ = P\,dx + Q\,dy$$

を満たす関数 Z は存在しない．

定数変化法を適用して，これを確かめてみよう．y を定数と見て，

$$Z = \int P\,dx + Y$$

と置く（まず y を定数と見るのが定数変化法の第一歩である）．ここで，Y は y のみの関数である．積分を計算すると，C を定数として，

$$\int P\,dx = xy^2 + \frac{a}{3x^3} + C.$$

y を変数と見て（この時点で y を変数と見るのが定数変化法の第2段階である），この積分を y に関して微分すると，微分 $2xy\,dy$ が得られる．それゆえ，

$$dZ = P\,dx + 2xy\,dy + dY.$$

これを $P\,dx + Q\,dy$ と等値すると，

$$dY = (Q - 2xy)\,dy = (1 - 2xy)\,dy$$

となることになるが，これを満たす y のみの関数 Y は存在しない．定数変化法による解法の試みはこの段階で行き詰まるのである．

変数変換を試みる

新たな変数を導入して，提示された微分方程式を積分可能な形に変形することを試みてみよう．まず，

$$x = \frac{1}{t}$$

と置いて，変数 t を導入する．微分を作ると，

$$dx = -\frac{dt}{t^2}.$$

これらを提示された微分方程式に代入すると，

$$dy - \frac{y^2}{t^2}\,dt + at^2\,dt = 0$$

という形になる．

次に，

$$y = t - t^2 z$$

と置いてもうひとつの新しい変数 z を導入する．微分を作ると，

$$dy = dt - 2tz\,dt - t^2\,dz.$$

これらを代入して計算を進めると，次々と

$$\begin{gathered} dt - 2tz\,dt - t^2\,dz - \frac{(t-t^2z)^2}{t^2} + at^2\,dt = 0, \\ dt - 2tz\,dt - t^2\,dz - (1 - 2tz + t^2z^2)\,dt + at^2\,dt = 0, \\ (-t^2z^2 + at^2)\,dt - t^2\,dz = 0, \\ t^2\big(dz + (z^2 - a)\,dt\big) = 0 \end{gathered}$$

と変形されていく．最後に到達した微分方程式を $t^2(z^2-a)$ で割ると，

$$\frac{dz}{z^2-a} + dt = 0$$

という変数分離型になり，容易に積分可能である（第 2 章「リッカチの微分方程式」参照）．

乗法子の探索

変数変換を重ねて最後に到達した変数分離型微分方程式の積分を作り，その積分において変数 t, z のところに

$$t = \frac{1}{x}, \quad z = \frac{t-y}{t^2}$$

を代入すると，提示された微分方程式の解が得られる．$t^2(z^2-a)$ を x, y で表すと，

$$t^2(z^2-a) = t^2 \times \left(\frac{(t-y)^2}{t^4} - a\right) = \frac{1}{t^2} \times \big((t-y)^2 - at^4\big)$$

$$= x^2 \times \left(\left(\frac{1}{x} - y \right)^2 - \frac{a}{x^4} \right) = (1 - xy)^2 - \frac{a}{x^2}$$
$$= \frac{x^2(1 - xy)^2 - a}{x^2}$$

となる．この逆数を M で表す．すなわち，

$$M = \frac{x^2}{x^2(1 - xy)^2 - a}$$

と置く．

この状況を観察すると，提示された微分方程式はそのままでは積分可能ではないが，M を乗じると積分可能になることがわかる．換言すると，関数 M は提示された微分方程式の**乗法子**である（乗法子 M の分母が 0 になる場合は特別の考慮が要請される．問題 5.2 参照）．

乗法子を乗じて積分する

関数 M は乗法子であることを確認しよう．$a > 0$ として計算を進める．提示された微分方程式に M を乗じると，

$$M \times \left(dy + y^2\,dx - \frac{a\,dx}{x^4} \right) = \frac{x^4\,dy + x^4y^2\,dx - a\,dx}{x^4(1 - xy)^2 - ax^2}$$

という形になる．そこで

$$P = \frac{x^4y^2 - a}{x^4(1 - xy)^2 - ax^2}$$
$$Q = \frac{x^4}{x^4(1 - xy)^2 - ax^2}$$

と置く．x を定数と見て積分 $\displaystyle\int Q\,dy$ を計算すると，X は x のみの関数として，

$$Z = \int Q\,dy + X = \frac{1}{2\sqrt{a}} \log \frac{x(1 - xy) + \sqrt{a}}{\sqrt{a} - x(1 - xy)} + X$$

となる．関数 X の形をの決定をめざし，Z を x, y の関数と見て微分 dZ を計算すると，

$$dZ = Q\,dy + \frac{1}{2\sqrt{a}} \left\{ \frac{1 - 2xy}{x(1 - xy) + \sqrt{a}} - \frac{-1 + 2xy}{\sqrt{a} - x(1 - xy)} \right\} dx + dX$$

$$= Q\,dy + \frac{1}{2\sqrt{a}} \times \frac{2\sqrt{a}(2xy-1)}{x^2(1-xy)^2 - a}\,dx + dX$$
$$= Q\,dy + \frac{2xy-1}{x^2(1-xy)^2 - a}\,dx + dX.$$

これを $P\,dx + Q\,dy$ と等値すると，等式

$$\frac{2xy-1}{x^2(1-xy)^2 - a}\,dx + dX = \frac{x^4y^2 - a}{x^4(1-xy)^2 - ax^2}\,dx$$

が得られる．それゆえ，

$$dX = \left(\frac{x^4y^2 - a}{x^4(1-xy)^2 - ax^2} - \frac{2xy-1}{x^2(1-xy)^2 - a}\right) dx$$
$$= \frac{(x^4y^2 - a) - x^2(2xy-1)}{x^2\left\{x^2(1-xy)^2 - a\right\}}\,dx = \frac{x^2(1-xy)^2 - a}{x^2\left(x^2(1-xy)^2 - a\right)}\,dx$$
$$= \frac{dx}{x^2}.$$

これより，C は定数として，

$$X = -\frac{1}{x} + C$$

と関数 X が決定される．これを代入すると，関数 Z が

$$Z = \int Q\,dy + X = \frac{1}{2\sqrt{a}} \log \frac{\sqrt{a} + x(1-xy)}{\sqrt{a} - x(1-xy)} - \frac{1}{x} + C$$

と求められる．これを定数と等値して得られる等式が，提示された微分方程式の解である．

D は定数として $Z = D$ と置き，定数 $2\sqrt{a}(D - C)$ をあらためて C と表記すれば，提示された微分方程式の一般解

$$\log \frac{\sqrt{a} + x(1-xy)}{\sqrt{a} - x(1-xy)} = \frac{2\sqrt{a}}{x} + C$$

が得られる．これは第 2 章「リッカチの微分方程式」で求められた解と一致する．

$a > 0$ として計算を進めてきたが，$a < 0$ の場合も同様の計算が成立し，第 2 章「リッカチの微分方程式」で求められた解と同じ解が得られる．

第4章 非常に複雑な微分方程式

微分と微分の比を新たな変数と見る

複雑な形の微分方程式が提示されたとき，二つの微分 dx, dy の比 p をひとつの変数と見て式変形を遂行すると，形状の複雑さが緩和されて積分の計算が進展することがある．オイラーは『積分計算教程』，第1巻の末尾にこの種の微分方程式を書き並べた．

一例として，微分方程式

$$x\,dx + a\,dy = b\sqrt{dx^2 + dy^2} \quad (a, b \text{ は定数})$$

を考えてみよう．両辺を dx で割ると，

$$x + a\frac{dy}{dx} = b\sqrt{1 + \left(\frac{dy}{dx}\right)^2}$$

となる．そこで

$$\frac{dy}{dx} = p$$

と置くと，

$$x + ap = b\sqrt{1 + p^2}.$$

よって，

$$x = b\sqrt{1 + p^2} - ap$$

となり，x が p を用いて表された．

部分積分により，

$$
\begin{aligned}
y &= \int p\,dx = px - \int x\,dp \\
&= bp\sqrt{1+p^2} - ap^2 - \int (b\sqrt{1+p^2} - ap)\,dp \\
&= bp\sqrt{1+p^2} - ap^2 - b\int \sqrt{1+p^2}\,dp + \frac{1}{2}ap^2 \\
&= bp\sqrt{1+p^2} - ap^2 - b\left(\frac{1}{2}p\sqrt{1+p^2} + \frac{1}{2}\log(p+\sqrt{1+p^2})\right) + \frac{1}{2}ap^2 \\
&= \frac{1}{2}bp\sqrt{1+p^2} - \frac{1}{2}ap^2 - \frac{1}{2}b\log(p+\sqrt{1+p^2})
\end{aligned}
$$

と計算が進む．こうして x と y がともに p を用いて表され，p を媒介にして x と y の連繋が明らかになった．提示された微分方程式はこれで解けたことになる．

ここで提示された微分方程式では平方根の中に微分の平方 dx^2, dy^2 が入っているが，新しい変数 $p = \dfrac{dy}{dx}$ を導入することにより積分の計算が可能になったのである．

問題 4.1

$$x^3\,dx^3 + dy^3 = ax\,dx^2dy \quad (a \text{ は定数，} a \neq 0)$$

【解答】

パラメータ $p = \dfrac{dy}{dx}$ を用いる

ここに提示された微分方程式には微分の2乗 dx^2 と3乗 dx^3, dy^3 が混在している．このままでは積分することはできないが，dx^3 で割ると，

$$x^3 + p^3 = axp$$

という形になる．これはデカルトの葉と呼ばれる代数曲線の方程式である（図4.1）．$p = ux$ とおいて新しい変化量 u を導入すると，$x^3 + u^3x^3 = aux^2$. x^2 で割ると，$x + u^3x = au$. これより，

$$x = \frac{au}{1+u^3}$$

となり，x が u を用いて表された．$p = ux$ に代入すると，

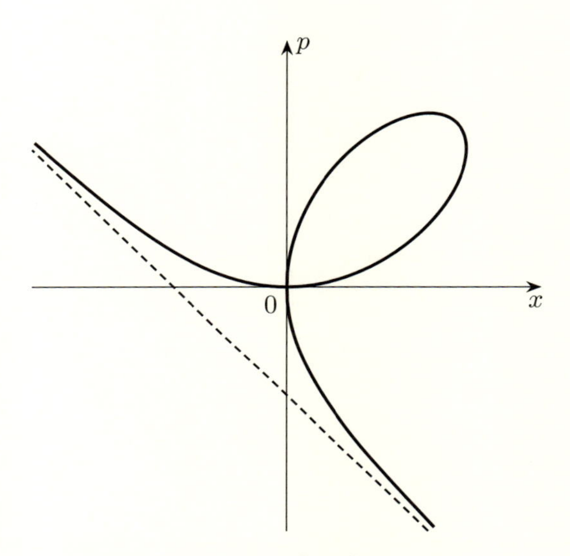

図 4.1　デカルトの葉 $x^3 + p^3 = axp\ (a > 0)$

$$p = \frac{au^2}{1+u^3}$$

となり，p もまた u を用いて表示される．

微分して積分する

微分計算を遂行すると，

$$dx = \frac{a\,du}{1+u^3} - \frac{3au^3\,du}{(1+u^3)^2} = \cdots = \frac{a(1-2u^3)}{(1+u^3)^2}\,du.$$

これを $dy = p\,dx$ に代入して積分計算を実行すると，C を積分定数として，

$$\begin{aligned}
y &= \int p\,dx = \int \frac{au^2}{1+u^3} \times \frac{a(1-2u^3)}{(1+u^3)^2}\,du \\
&= a^2 \int \frac{u^2}{(1+u^3)^3} \times (1-2u^3)\,du \\
&= a^2 \int d\left(-\frac{1}{6(1+u^3)^2}\right) \times (1-2u^3)\,du \\
&= -\frac{a^2}{6}\frac{1-2u^3}{(1+u^3)^2} - a^2 \int \frac{u^2\,du}{(1+u^3)^2} = \frac{a^2}{6}\frac{2u^3-1}{(1+u^3)^2} + \frac{a^2}{3}\frac{1}{1+u^3} + C
\end{aligned}$$

と計算が進み，y が u を用いて

$$y = \frac{a^2}{6}\frac{2u^3 - 1}{(1+u^3)^2} + \frac{a^2}{3}\frac{1}{1+u^3} + C$$

と表示される．

x の表示式

$$x = \frac{au}{1+u^3}$$

と合せると，x と y が変数 u を媒介として連繋する様子が見てとれる．それゆえ，このような x と y の表示式は，それ自体がそのまま提示された微分方程式の解を与えている．

問題 4.2

$$y\,dx - x\sqrt{dx^2 + dy^2} = 0$$

【解答】

パラメータ $p = \dfrac{dy}{dx}$ を用いる

提示された微分方程式を dx で割ると，

$$y - x\sqrt{1+p^2} = 0$$

となる．ここで，さらに

$$y = ux$$

と置いて新しい変数 u を導入すると，$u = \dfrac{y}{x}$ であるから，等式

$$u = \frac{y}{x} = \sqrt{1+p^2}$$

が得られる．これで u がパラメータ p を用いて表された．

$y = ux$ の両辺の微分を作ると，

$$dy = x\,du + u\,dx.$$

$dy = p\,dx$ であるから，

$$p\,dx = x\,du + u\,dx.$$

これは三つの変数 x, u, p の関係を与える微分方程式である.

変数を分離する

これをパラメータ p を伴う x, u の方程式と見ると，階数 1 の同次形の常微分方程式であり，変数分離型である．変数を分離すると，$\dfrac{dx}{x} = \dfrac{du}{p-u}$ となるが，右辺を $\dfrac{du}{p-u} = -\dfrac{d(p-u)}{p-u} + \dfrac{dp}{p-u}$ と変形して，そのうえで両辺の積分を作ると，等式

$$\log x = -\log(p-u) + \int \frac{dp}{p-u}$$

が導かれる．ここで，$u = \sqrt{1+p^2}$ であるから，

$$\frac{1}{p-u} = \frac{1}{p - \sqrt{1+p^2}} = -\left(p + \sqrt{1+p^2}\right).$$

これを代入すると，

$$\begin{aligned} \log x &= -\log(p-u) - \int \left(p + \sqrt{1+p^2}\right) dp \\ &= -\log(p - \sqrt{1+p^2}) - \frac{1}{2}p^2 - \int \sqrt{1+p^2}\, dp \end{aligned}$$

と計算が進行する.

積分 $\int \sqrt{1+p^2}\, dp$ の計算

「微分式の積分表」により，積分

$$\int \sqrt{1+p^2}\, dp$$

は，

$$\int \sqrt{1+p^2}\, dp = \frac{1}{2}p\sqrt{1+p^2} + \frac{1}{2}\log\left(p + \sqrt{1+p^2}\right)$$

と計算される.

微分方程式の解法の続き

積分 $\int \sqrt{1+p^2}\, dp$ の計算を踏まえて微分方程式の解法を続けると，C を

積分定数として，

$$\log x = C - \log\left(p - \sqrt{1+p^2}\right) \\ - \frac{1}{2}p^2 - \left\{\frac{1}{2}p\sqrt{1+p^2} + \frac{1}{2}\log\left(p + \sqrt{1+p^2}\right)\right\}.$$

となる．ここで，定数差を除いて

$$\log\left(p - \sqrt{1+p^2}\right) = \log\left(\sqrt{1+p^2} - p\right) = -\log\left(p + \sqrt{1+p^2}\right).$$

したがって，

$$\begin{aligned}\log x &= C + \log\left(\sqrt{1+p^2} + p\right) \\ &\quad - \frac{1}{2}p^2 - \left\{\frac{1}{2}p\sqrt{1+p^2} + \frac{1}{2}\log\left(p + \sqrt{1+p^2}\right)\right\} \\ &= C + \frac{1}{2}\log\left(\sqrt{1+p^2} + p\right) - \frac{1}{2}p\sqrt{1+p^2} - \frac{1}{2}p^2\end{aligned}$$

これによって x はパラメータ p を用いて表される．$y = ux = x\sqrt{1+p^2}$ であるから，y もまたパラメータ p を用いて表される．二つの変数 x, y の相互依存関係がパラメータ p を媒介にして書き表された．これが提示された微分方程式の解である．

問題 4.3

$$y\,dx - x\,dy = nx\sqrt{dx^2 + dy^2} \quad (n \text{ は定数})$$

【解答】

曲線の線素を用いて作られた微分方程式

提示された微分式を曲線の接線の方程式と見ると，微分式

$$\sqrt{dx^2 + dy^2}$$

はその曲線の線素を表していて，ds という記号で表記されることがある．

$\dfrac{dy}{dx} = p$ と置くと，提示された微分方程式は

$$y - px = nx\sqrt{1+p^2}$$

という形になる．ここでさらに $y = ux$ と置くと，u と p を連繋する微分方程式

$$u - p = n\sqrt{1+p^2}$$

が得られる．また，前問 4.2 で見たように，等式

$$\log x = -\log(p-u) + \int \frac{dp}{p-u}$$

が成立する．この式に

$$p - u = -n\sqrt{1+p^2}$$

を代入して計算を進める．

x を p を用いて表示する

定数差を除いて等式

$$\log(-n\sqrt{1+p^2}) = \log(n\sqrt{1+p^2})$$

が成立することに留意し，周知の積分

$$\int \frac{dp}{\sqrt{1+p^2}} = \log(p + \sqrt{1+p^2})$$

を用いると，C を積分定数として，等式

$$\begin{aligned}
\log x &= -\log n\sqrt{1+p^2} - \int \frac{dp}{n\sqrt{1+p^2}} \\
&= C - \log n\sqrt{1+p^2} - \frac{1}{n}\log\left(p + \sqrt{1+p^2}\right) \\
&= C + \log\frac{1}{n\sqrt{1+p^2}} + \frac{1}{n}\log\frac{1}{\sqrt{1+p^2}+p} \\
&= C + \log\frac{1}{n} + \log\frac{\left(\sqrt{1+p^2}-p\right)^{\frac{1}{n}}}{\sqrt{1+p^2}}
\end{aligned}$$

が得られる．そこで，この等式に現れる定数をあらためて $C + \log\dfrac{1}{n} = \log a$ と表記すると，x の p による表示式

$$x = \frac{a}{\sqrt{1+p^2}}\left(\sqrt{1+p^2}-p\right)^{\frac{1}{n}}$$

が手に入る．

y を p を用いて表示する

ここで，

$$y = ux, \quad u = p + n\sqrt{1+p^2}$$

であるから，

$$y = \frac{a\left(p + n\sqrt{1+p^2}\right)}{\sqrt{1+p^2}}\left(\sqrt{1+p^2} - p\right)^{\frac{1}{n}}.$$

これで x と y がともにパラメータ p を用いて表された．x と y を連繋する関係が明示されたのであり，これで提示された微分方程式の解が得られたのである．だが，オイラーはもう少し計算を進めて p の消去を試みている．

パラメータ p を消去する

オイラーの計算に追随する．まず，

$$u - p = n\sqrt{1+p^2}$$

より

$$(1-n^2)p^2 - 2up + u^2 - n^2 = 0.$$

これを解いて，$n \neq \pm 1$ の場合には，

$$p = \frac{u - n\sqrt{u^2+1-n^2}}{1-n^2}.$$

また，

$$\begin{aligned}\sqrt{1+p^2} = \frac{u-p}{n} &= \frac{1}{n}\left(u - \frac{u - n\sqrt{u^2+1-n^2}}{1-n^2}\right)\\ &= \frac{-nu + \sqrt{u^2+1-n^2}}{1-n^2}.\end{aligned}$$

$$\sqrt{1+p^2} - p = \frac{-u + \sqrt{u^2+1-n^2}}{1-n}.$$

これらを

$$x = \frac{a}{\sqrt{1+p^2}} \left(\sqrt{1+p^2} - p\right)^{\frac{1}{n}}$$

に代入して計算を続けると，

$$\frac{x\left(-nu + \sqrt{u^2+1-n^2}\right)}{a(1-n^2)} = \left(\frac{-u+\sqrt{u^2+1-n^2}}{1-n}\right)^{\frac{1}{n}}.$$

ここで，$u = \dfrac{y}{x}$．これを代入すると x と y を連繫する方程式が得られる．それが提示された微分方程式の解である．

$n = 1$ の場合

$n = 1$ と $n = -1$ の場合は別個に取り扱わなければならない．$n = 1$ の場合，

$$p = \frac{u^2-1}{2u}, \quad \sqrt{1+p^2} = \frac{u^2+1}{2u}, \quad \sqrt{1+p^2} - p = \frac{1}{u}.$$

これらを

$$x = \frac{a}{\sqrt{1+p^2}} \left(\sqrt{1+p^2} - p\right)^{\frac{1}{n}}$$

に代入すると，

$$x = \frac{2ua}{u^2+1} \times \frac{1}{u} = \frac{2a}{u^2+1} = \frac{2a}{\left(\frac{y}{x}\right)^2+1} = \frac{2ax^2}{x^2+y^2}$$

と計算が進む．これより，$x = 0$ または $y^2 + x^2 = 2ax$ が得られる．

$n = -1$ の場合

$n = -1$ の場合にも同様に計算が進行する．

$$p = \frac{u^2-1}{2u}, \quad \sqrt{1+p^2} = p - u = -\frac{u^2+1}{2u}, \quad p + \sqrt{1+p^2} = -\frac{1}{u}.$$

これらを

$$x = \frac{a}{\sqrt{1+p^2}} \left(\sqrt{1+p^2} - p\right)^{\frac{1}{n}}$$

に代入すると，

$$x = \frac{a}{\sqrt{1+p^2}} \left(p + \sqrt{1+p^2}\right) = \frac{2a}{u^2+1} = \frac{2ax^2}{x^2+y^2}.$$

それゆえ，$x=0$ または $x^2+y^2-2ax=0$ となり，$n=1$ との場合と同じ結果が得られた.

問題 4.4

$$x\,dy^3+y\,dx^3=\sqrt{xy(dx^2+dy^2)}\,dydx$$

【解答】

$p-u$ の計算

ここでもまた $\dfrac{dy}{dx}=p,\ y=ux$ と置いて計算する．提示された方程式の両辺を dx^3 で割ると，

$$p^3+u=p\sqrt{u(1+p^2)}$$

という形になる．等式

$$\log x=\int\frac{du}{p-u}=-\log(p-u)+\int\frac{dp}{p-u}$$

を適用するために $p-u$ を計算する．提示された微分方程式を $u-p\sqrt{1+p^2}\sqrt{u}+p^3=0$ という形に書くと，$\sqrt{u}$ の2次方程式に見える．そこでこれを解くと，

$$\begin{aligned}\sqrt{u}&=\frac{1}{2}\left(p\sqrt{1+p^2}+\sqrt{p^2(1+p^2)-4p^3}\right)\\&=\frac{1}{2}\left(p\sqrt{1+p^2}+p\sqrt{1-4p+p^2}\right).\end{aligned}$$

平方を作ると，

$$\begin{aligned}u&=\frac{1}{4}\left(p^2(1+p^2)+p^2(1-4p+p^2)+2p^2\sqrt{(1+p^2)(1-4p+p^2)}\right)\\&=\frac{1}{2}p^2-p^3+\frac{1}{2}p^4+\frac{1}{2}p^2\sqrt{(1+p^2)(1-4p+p^2)}\end{aligned}$$

よって，

$$\begin{aligned}p-u&=\frac{p}{2}(2-p+2p^2-p^3)-\frac{1}{2}p^2\sqrt{(1+p^2)(1-4p+p^2)}\\&=\frac{1}{2}p(1+p^2)(2-p)-\frac{1}{2}p^2\sqrt{(1+p^2)(1-4p+p^2)}.\end{aligned}$$

$\log x$ を構成する二つの項のうち，$\log(p-u)$ はこれで p の関数として認識される．

積分 $\displaystyle\int \frac{dp}{p-u}$ の計算

もうひとつの項 $\displaystyle\int \frac{dp}{p-u}$ の形を確定するために，p を用いて $\dfrac{1}{p-u}$ を表示すると，

$$\begin{aligned}
\frac{1}{p-u} &= \frac{2}{p}\cdot\frac{1}{(1+p^2)(2-p)-p\sqrt{(1+p^2)(1-4p+p^2)}}\\
&= \frac{2}{p}\cdot\frac{(1+p^2)(2-p)+p\sqrt{(1+p^2)(1-4p+p^2)}}{(1+p^2)^2(2-p)^2-p^2(1+p^2)(1-4p+p^2)}\\
&= \frac{2}{p(1+p^2)}\cdot\frac{(1+p^2)(2-p)+p\sqrt{(1+p^2)(1-4p+p^2)}}{(1+p^2)(2-p)^2-p^2(1-4p+p^2)}\\
&= \frac{2}{p(1+p^2)}\cdot\frac{(1+p^2)(2-p)+p\sqrt{(1+p^2)(1-4p+p^2)}}{4(1-p+p^2)}\\
&= \frac{2-p}{2p(1-p+p^2)}+\frac{\sqrt{1-4p+p^2}}{2(1-p+p^2)\sqrt{1+p^2}}.
\end{aligned}$$

よって，

$$\frac{dp}{p-u} = \frac{(2-p)\,dp}{2p(1-p+p^2)}+\frac{\sqrt{1-4p+p^2}\,dp}{2(1-p+p^2)\sqrt{1+p^2}}.$$

そこで，

$$\sqrt{\frac{1-4p+p^2}{1+p^2}} = q$$

と置くと，

$$p = \frac{2+\sqrt{4-(1-q^2)^2}}{1-q^2}.$$

両辺の微分を作ると，

$$dp = \frac{4q\left(2+\sqrt{4-(1-q^2)^2}\right)}{(1-q^2)^2\sqrt{4-(1-q^2)^2}}\,dq.$$

また，

$$1-p+p^2 = \frac{(3+q^2)\left(2+\sqrt{4-(1-q^2)^2}\right)}{(1-q^2)^2}.$$

よって，

$$\int \frac{dp}{p-u} = \frac{1}{2}\int \frac{(2-p)\,dp}{p(1-p+p^2)} + 2\int \frac{q^2\,dq}{(3+q^2)\sqrt{4-(1-q^2)^2}}$$

となる．右辺の二つの積分のうち，前者は p の有理式の積分であるから初等的な関数（多項式，有理式，三角関数，対数関数，指数関数）を用いて表示可能である．これに対し後者の積分はむずかしく，対数関数を使っても三角関数を使ってもこれ以上計算できないと，オイラーは計算の見込みが立たないことを率直に語った．

ここで取り上げた微分方程式は，既知と見られる初等的な関数だけでは解を表示することのできない微分方程式の事例である．

問題 4.5

$$s^2 = 2xy \quad \left(s = \int \sqrt{dx^2+dy^2}\right)$$

【解答】

微分方程式への還元

この問題で提示されたのは微分方程式ではなく積分方程式だが，微分方程式に変換することにより解を求めることができる．方程式 $s^2 = 2xy$ の両辺の微分を作ると，

$$s\,ds = x\,dy + y\,dx.$$

$s = \sqrt{2xy}$ であるから，

$$ds = \frac{x\,dy + y\,dx}{\sqrt{2xy}}.$$

また，

$$s = \int \sqrt{dx^2+dy^2}$$

より

$$ds = \sqrt{dx^2+dy^2}.$$

これで，提示された積分方程式は微分方程式

$$\sqrt{dx^2+dy^2} = \frac{x\,dy + y\,dx}{\sqrt{2xy}}$$

に変換された.

パラメータ $p=\dfrac{dy}{dx}$ の導入

この微分方程式を解くために

$$\frac{dy}{dx}=p, \quad y=ux$$

と置いてパラメータ p と新しい変数 u を導入すると,

$$\sqrt{1+p^2}=\frac{p+u}{\sqrt{2u}}$$

という形に変形される. これを書き直すと,

$$u-\sqrt{2(1+p^2)}\sqrt{u}+p=0.$$

これを $\sqrt{u}$ に関する 2 次方程式と見て解くと,

$$\begin{aligned}\sqrt{u}&=\frac{\sqrt{2(1+p^2)}+\sqrt{2(1+p^2)-4p}}{2}\\&=\frac{\sqrt{2(1+p^2)}+\sqrt{2(1-p)^2}}{2}=\frac{1-p+\sqrt{1+p^2}}{\sqrt{2}}.\end{aligned}$$

ここで, 平方根 $\sqrt{(1-p)^2}$ として $1-p$ を採用した. 平方を作ると, u の p による表示式

$$\begin{aligned}u&=\frac{1}{2}\left\{(1-p)^2+1+p^2+2(1-p)\sqrt{1+p^2}\right\}\\&=1-p+p^2+(1-p)\sqrt{1+p^2}\end{aligned}$$

が得られる. それゆえ,

$$\begin{aligned}p-u&=p-(1-p+p^2+(1-p)\sqrt{1+p^2})\\&=-(1-p)^2-(1-p)\sqrt{1+p^2}\\&=-(1-p)(1-p+\sqrt{1+p^2}),\\\frac{1}{p-u}&=-\frac{1}{1-p}\cdot\frac{1}{1-p+\sqrt{1+p^2}}\\&=-\frac{1}{1-p}\cdot\frac{1-p-\sqrt{1+p^2}}{-2p}\\&=\frac{1-p-\sqrt{1+p^2}}{2p(1-p)}\end{aligned}$$

と計算が進行する．これを代入すると，

$$\int \frac{dp}{p-u} = \int \frac{1-p-\sqrt{1+p^2}}{2p(1-p)}\,dp = \frac{1}{2}\log p - \frac{1}{2}\int \frac{\sqrt{1+p^2}}{p(1-p)}\,dp.$$

積分 $\int \frac{\sqrt{1+p^2}}{p(1-p)}\,dp$ の計算

右辺の第2項の積分を計算するために，

$$p = \frac{1-q^2}{2q}$$

と置く．微分を作ると，

$$dp = -\frac{1+q^2}{2q^2}\,dq.$$

よって，

$$\begin{aligned}\int \frac{\sqrt{1+p^2}}{p(1-p)}\,dp &= -\int \frac{(1+q^2)^2}{q(1-q^2)(q^2+2q-1)}\,dq \\ &= \int \frac{dq}{q} - 2\int \frac{dq}{1-q^2} - 4\int \frac{dq}{(q+1)^2-2} \\ &= \log q - \log\frac{1+q}{1-q} + \sqrt{2}\log\frac{\sqrt{2}+1+q}{\sqrt{2}-1-q}\end{aligned}$$

となる．ここで，積分

$$\int \frac{dq}{1-q^2}, \quad \int \frac{dq}{(q+1)^2-2}$$

を計算するために，一般的に成立する等式

$$\int \frac{dx}{a^2-x^2} = \frac{1}{2a}\int\left(\frac{1}{a+x}+\frac{1}{a-x}\right)dx = \frac{1}{2a}\log\frac{a+x}{a-x}$$

を使った．これより，

$$\begin{aligned}\int \frac{dp}{p-u} &= \frac{1}{2}\log p - \frac{1}{2}\log q + \frac{1}{2}\log\frac{1+q}{1-q} - \frac{1}{\sqrt{2}}\log\frac{\sqrt{2}+1+q}{\sqrt{2}-1-q} \\ &= \frac{1}{2}\log\frac{p}{q}\frac{1+q}{1-q} - \frac{1}{\sqrt{2}}\log\frac{\sqrt{2}+1+q}{\sqrt{2}-1-q}\end{aligned}$$

$$
\begin{aligned}
&= \frac{1}{2}\log\left(\frac{1-q^2}{2q}\frac{1}{q}\frac{1+q}{1-q}\right) - \frac{1}{\sqrt{2}}\log\frac{\sqrt{2}+1+q}{\sqrt{2}-1-q} \\
&= \frac{1}{2}\log\frac{(1+q)^2}{2q^2} - \frac{1}{\sqrt{2}}\log\frac{\sqrt{2}+1+q}{\sqrt{2}-1-q} \\
&= \log\frac{1+q}{\sqrt{2}q} - \frac{1}{\sqrt{2}}\log\frac{\sqrt{2}+1+q}{\sqrt{2}-1-q}
\end{aligned}
$$

が得られる.

$p-u$ の計算

他方，$p-u$ を計算すると，

$$
\begin{aligned}
p-u &= -(1-p)(1-p+\sqrt{1+p^2}) \\
&= -\left(1-\frac{1-q^2}{2q}\right)\left(1-\frac{1-q^2}{2q}+\sqrt{1+\left(\frac{1-q^2}{2q}\right)^2}\right) \\
&= -\left(1-\frac{1-q^2}{2q}\right)\cdot\frac{1}{2q}\left(2q-1+q^2+q^2+1\right) \\
&= -\frac{2q-1+q^2}{4q^2}\times 2q(1+q) \\
&= \frac{(1+q)(1-2q-q^2)}{2q} = \frac{(1+q)\left(2-(1+q)^2\right)}{2q}.
\end{aligned}
$$

途中の計算で，平方根 $\sqrt{\dfrac{(q^2+1)^2}{4q^2}}$ として $\dfrac{q^2+1}{2q}$ を採用した.

微分方程式の解を求める

これらを用いて計算を進めると，$C=\log(2a)$ を積分定数として，

$$
\begin{aligned}
\log x &= -\log(p-u) + \int\frac{dp}{p-u} \\
&= C - \log(1+q) + \log q \\
&\qquad -\log\left(2-(1+q)^2\right) + \log\frac{1+q}{q} - \frac{1}{\sqrt{2}}\log\frac{\sqrt{2}+1+q}{\sqrt{2}-1-q} \\
&= \log(2a) - \log\left(2-(1+q)^2\right) - \frac{1}{\sqrt{2}}\log\frac{\sqrt{2}+1+q}{\sqrt{2}-1-q}
\end{aligned}
$$

ここで，

$$\begin{aligned}\sqrt{u} &= \frac{1-p+\sqrt{1+p^2}}{\sqrt{2}} \\ &= \frac{1}{\sqrt{2}}\left(1-\frac{1-q^2}{2q}+\sqrt{1+\left(\frac{1-q^2}{2q}\right)^2}\right) \\ &= \frac{1}{\sqrt{2}}\left(\frac{2q-1+q^2}{2q}+\frac{1+q^2}{2q}\right) = \frac{1+q}{\sqrt{2}}.\end{aligned}$$

よって，

$$1+q = \sqrt{2u} = \sqrt{\frac{2y}{x}}.$$

これより，

$$\begin{aligned}\log x &= \log(2a) - \log\left(2-\frac{2y}{x}\right) - \frac{1}{\sqrt{2}}\log\frac{\sqrt{2}+\sqrt{\frac{2y}{x}}}{\sqrt{2}-\sqrt{\frac{2y}{x}}} \\ &= \log\frac{ax}{x-y}\left(\frac{\sqrt{x}-\sqrt{y}}{\sqrt{x}+\sqrt{y}}\right)^{\frac{1}{\sqrt{2}}}.\end{aligned}$$

それゆえ，

$$x = \frac{ax}{x-y}\left(\frac{\sqrt{x}-\sqrt{y}}{\sqrt{x}+\sqrt{y}}\right)^{\frac{1}{\sqrt{2}}}$$

となる．これより $x=0$，または

$$x-y = a\left(\frac{\sqrt{x}-\sqrt{y}}{\sqrt{x}+\sqrt{y}}\right)^{\frac{1}{\sqrt{2}}}$$

となるが，$x=0$ は提示された積分方程式の解ではありえない．

解の形を整える

　これで解が求められたが，もう少し形を整えると，

$$\left(\sqrt{x}+\sqrt{y}\right)^{1+\frac{1}{\sqrt{2}}} = a\left(\sqrt{x}-\sqrt{y}\right)^{\frac{1}{\sqrt{2}}-1}$$

となる．冪指数に無理数 $\sqrt{2}$ が現れる．ライプニッツのいう**インターセンデンタル（内越的）**という言葉があてはまるタイプの方程式である．

問題 4.6

$$s = \alpha x + \beta y \quad (\alpha, \beta \text{ は定数. } s = \int \sqrt{dx^2 + dy^2})$$

【解答】

まず

$$y = ux, \quad s = vx$$

と置いて一般的な視点から考察する．$p = \dfrac{dy}{dx}$ と表記すると，$dy = p\,dx$. $y = ux$ の両辺の微分を作ると，$dy = u\,dx + x\,du$. よって，

$$p\,dx = u\,dx + x\,du$$

となり，ここから等式

$$\frac{dx}{x} = \frac{du}{p - u}$$

が得られる．

また，

$$s = \int \sqrt{dx^2 + dy^2}$$

より

$$ds = \sqrt{dx^2 + dy^2} = \sqrt{1 + \left(\frac{dy}{dx}\right)^2}\,dx = \sqrt{1 + p^2}\,dx.$$

他方，$s = vx$ より

$$ds = v\,dx + x\,dv.$$

よって，

$$\sqrt{1 + p^2}\,dx = v\,dx + x\,dv.$$

これより方程式

$$\frac{dx}{x} = \frac{dv}{\sqrt{1 + p^2} - v}$$

が得られる．こうして得られた二つの方程式を等値すると，

$$\frac{dx}{x} = \frac{du}{p - u} = \frac{dv}{\sqrt{1 + p^2} - v}$$

が得られた．

$q = \dfrac{dv}{du}$ と置くと，$dv = q\,du$ より，等式

$$\frac{du}{p-u} = \frac{q\,du}{\sqrt{1+p^2}-v}$$

が成立する．これより

$$\frac{1}{p-u} = \frac{q}{\sqrt{1+p^2}-v}.$$

それゆえ，v が u を用いて表示される場合には，これによって p が u を用いて表示され，積分

$$\int \frac{du}{p-u}$$

の計算が可能になることがある．

もう少し計算を続けて，上記の等式を書き直すと，p に関する 2 次方程式

$$(1-q^2)p^2 - 2pq(v-qu) + 1 - (v-qu)^2 = 0$$

が得られる．これを解くと，

$$p = \frac{q(v-qu) + \sqrt{(v-qu)^2-1+q^2}}{1-q^2}.$$

よって，

$$\begin{aligned}\frac{1}{p-u} &= \frac{1-q^2}{qv-u+\sqrt{(v-qu)^2-1+q^2}} \\ &= \frac{qv-u-\sqrt{(v-qu)^2-1+q^2}}{1+u^2-v^2}.\end{aligned}$$

それゆえ，積分 $\displaystyle\int \frac{du}{p-u}$ は

$$\begin{aligned}\int \frac{du}{p-u} &= \int \frac{qv-u-\sqrt{(v-qu)^2-1+q^2}}{1+u^2-v^2}\,du \\ &= \int \frac{qv-u}{1+u^2-v^2}\,du - \int \frac{\sqrt{(v-qu)^2-1+q^2}}{1+u^2-v^2}\,du\end{aligned}$$

という形になる．$q\,du = dv$ により，右辺の二つの積分のうち，前者は

$$\int \frac{qv-u}{1+u^2-v^2}\,du = -\frac{1}{2}\int \frac{2u\,du-2v\,dv}{1+u^2-v^2}$$
$$= -\frac{1}{2}\log(1+u^2-v^2) = -\log\sqrt{1+u^2-v^2}$$

と計算される．したがって，微分方程式

$$\frac{dx}{x} = \int \frac{du}{p-u}$$

の積分は，積分定数を $\log a$ で表すと，

$$\log x = \log a - \log\sqrt{1+u^2-v^2} - \int \frac{\sqrt{(v-qu)^2-1+q^2}}{1+u^2-v^2}\,du$$

と表される．

微分方程式を解く

このような一般的な計算手順の説明に続いて，オイラーはまず

$$s = \alpha x + \beta y$$

という場合を取り上げた．$y = ux$, $s = vx$ と置いて，これを $s = \alpha x + \beta y$ に代入すると，等式

$$v = \alpha + \beta u$$

が得られる．これは v が u を用いて表示されるもっともかんたんな場合である．

ここで，

$$q = \frac{dv}{du} = \beta, \quad u = \frac{y}{x}$$

となることに留意して計算を進めると，

$$\log x - \log a + \log\sqrt{1+u^2-(\alpha+\beta u)^2}$$
$$= \frac{1}{2}\log\frac{x^2(1+u^2-(\alpha+\beta u)^2)}{a^2} = \frac{1}{2}\log\frac{x^2+y^2-(\alpha x+\beta y)^2}{a^2}.$$

$$
\begin{aligned}
&-\int \frac{\sqrt{(v-qu)^2-1+q^2}}{1+u^2-v^2}\,du = -\int \frac{\sqrt{\alpha^2+\beta^2-1}}{1+u^2-(\alpha+\beta u)^2}\,du \\
&= \sqrt{\alpha^2+\beta^2-1}\int \frac{du}{\alpha^2-1+2\alpha\beta u+(\beta^2-1)u^2} \\
&= \int \frac{(\beta^2-1)\sqrt{\alpha^2+\beta^2-1}}{\left(u(\beta^2-1)+\alpha\beta\right)^2-(\alpha^2+\beta^2-1)}\,du \\
&= \frac{\beta^2-1}{2}\left\{\int \frac{1}{u(\beta^2-1)+\alpha\beta-\sqrt{\alpha^2+\beta^2-1}}\right. \\
&\qquad\qquad \left. - \frac{1}{u(\beta^2-1)+\alpha\beta+\sqrt{\alpha^2+\beta^2-1}}\right\}du \\
&= \frac{1}{2}\left\{\log\left(u(\beta^2-1)+\alpha\beta-\sqrt{\alpha^2+\beta^2-1}\right)\right. \\
&\qquad \left. - \log\left(u(\beta^2-1)+\alpha\beta+\sqrt{\alpha^2+\beta^2-1}\right)\right\} \\
&= \frac{1}{2}\log\frac{(\beta^2-1)u+\alpha\beta-\sqrt{\alpha^2+\beta^2-1}}{(\beta^2-1)u+\alpha\beta+\sqrt{\alpha^2+\beta^2-1}}.
\end{aligned}
$$

それゆえ，等式

$$
\log\frac{x^2+y^2-(\alpha x+\beta y)^2}{a^2} = \log\frac{(\beta^2-1)u+\alpha\beta-\sqrt{\alpha^2+\beta^2-1}}{(\beta^2-1)u+\alpha\beta+\sqrt{\alpha^2+\beta^2-1}}
$$

が得られる．表示を簡明にするために，

$$
\begin{aligned}
(\beta^2-1)y+\alpha\beta x-x\sqrt{\alpha^2+\beta^2-1} &= P, \\
(\beta^2-1)y+\alpha\beta x+x\sqrt{\alpha^2+\beta^2-1} &= Q
\end{aligned}
$$

と置くと，上記の等式は

$$
\frac{PQ}{a^2(1-\beta^2)} = \frac{P}{Q}
$$

と表記される．それゆえ，

$$
a^2(1-\beta^2) = b^2
$$

と置くと，$P=0$，すなわち

$$
(\beta^2-1)y+\alpha\beta x-x\sqrt{\alpha^2+\beta^2-1} = 0,
$$

または

$$Q = b,$$

すなわち

$$(\beta^2 - 1)y + \alpha\beta x + x\sqrt{\alpha^2 + \beta^2 - 1} = b$$

となる．両者をまとめて表記すると，c は定数として，x と y の関係を示す 1 次方程式

$$(\beta^2 - 1)y + \alpha\beta x \pm x\sqrt{\alpha^2 + \beta^2 - 1} = c$$

が得られる．これは直線の方程式であり，同時に提示された微分方程式の解である．

一般に記号 $\sqrt{\alpha^2 + \beta^2 - 1}$ は自乗すると $\alpha^2 + \beta^2 - 1$ となる数，すなわち $X^2 = \alpha^2 + \beta^2 - 1$ となる二つの数 X を表すが，ここでは因数分解にあたり，それらの二つの数の一方を同じ記号 $\sqrt{\alpha^2 + \beta^2 - 1}$ で表し，もう一方の数を $-\sqrt{\alpha^2 + \beta^2 - 1}$ と表記した．

一般公式に立ち返って

オイラーの著作『積分計算教程』第 3 巻の記述に沿って計算を進めたが，等式

$$\frac{1}{p - u} = \frac{q}{\sqrt{1 + p^2} - v}$$

に立ち返って計算してもよい．$q = \beta$, $v = \dfrac{s}{x} = \dfrac{\alpha x + \beta y}{x} = \alpha + \beta u$ を代入すると，

$$\frac{1}{p - u} = \frac{\beta}{\sqrt{1 + p^2} - (\alpha + \beta u)}.$$

この式の形を整えると，p に関する 2 次方程式

$$(\beta^2 - 1)p^2 + 2\alpha\beta p + \alpha^2 - 1 = 0$$

が得られる．これを解くと，

$$p = \frac{-\alpha\beta \pm \sqrt{\alpha^2\beta^2 - (\alpha^2 - 1)(\beta^2 - 1)}}{\beta^2 - 1} = \frac{-\alpha\beta \pm \sqrt{\alpha^2 + \beta^2 - 1}}{\beta^2 - 1}.$$

よって，

$$\frac{1}{p-u}=-\frac{\beta^2-1}{(\beta^2-1)u+\alpha\beta\pm\sqrt{\alpha^2+\beta^2-1}}.$$

それゆえ，微分方程式

$$\frac{dx}{x}=\frac{du}{p-u}$$

の両辺の積分を作ると，積分定数を $\log a$ と表記して，方程式

$$\log x=\log a-\log\left\{(\beta^2-1)u+\alpha\beta\pm\sqrt{\alpha^2+\beta^2-1}\right\}$$

が導かれる．これより，

$$x\left\{(\beta^2-1)u+\alpha\beta\pm\sqrt{\alpha^2+\beta^2-1}\right\}=a.$$

$u=\dfrac{y}{x}$ を代入して形を整えると，前に得られたものと同じ x, y の関係式，すなわち提示された微分方程式の解

$$(\beta^2-1)y+\left(\alpha\beta\pm\sqrt{\alpha^2+\beta^2-1}\right)x=a$$

が得られる．

問題 4.7

$$s^2=x^2+y^2\quad\left(s=\int\sqrt{dx^2+dy^2}\right)$$

【解答】

一般公式が適用できない状況に直面する

前問と同様に $y=ux$, $s=vx$ と置いて計算を進める．提示された微分方程式に代入すると，

$$v^2x^2=x^2+u^2x^2.$$

これより

$$v^2=1+u^2.$$

それゆえ，$1+u^2-v^2=0$ となる．この場合，以下の計算により明らかになるように $p-u=0$ となって積分 $\displaystyle\int\frac{du}{p-u}$ の計算ができず，一般公式を適用することができない．前問と異なるのはここのところである．

出発点への回帰

等式 $v^2 = 1 + u^2$ から

$$v = \sqrt{1 + u^2}$$

が得られる．微分を計算すると，

$$q = \frac{dv}{du} = \frac{u}{\sqrt{1 + u^2}}.$$

これより，

$$v - qu = \sqrt{1 + u^2} - \frac{u^2}{\sqrt{1 + u^2}} = \frac{1}{\sqrt{1 + u^2}}.$$

また，

$$q^2 - 1 = \frac{u^2}{1 + u^2} - 1 = -\frac{1}{1 + u^2},$$

$$qv - u = 0.$$

これらを素材として $p - u$ を計算する．

$$\begin{aligned} p - u &= \frac{qv - u + \sqrt{(v - qu)^2 - 1 + q^2}}{1 - q^2} \\ &= (1 + u^2)\sqrt{\frac{1}{1 + u^2} - \frac{1}{1 + u^2}} = 0. \end{aligned}$$

よって，$p = u$ となる．これを書き直すと，

$$\frac{dy}{dx} = \frac{y}{x},$$

あるいは，変数を分離すると，$x \neq 0$，$y \neq 0$ のとき，

$$\frac{dy}{y} = \frac{dx}{x}$$

という形になる．両辺の積分を作ると，$\log y = \log x + C$（C は積分定数）．形を整えると，n は定数として，等式

$$y = nx$$

が得られる．等式 $x = 0$ と $y = 0$ も解だが，後者は解 $y = nx$ に含まれてい

る．これで提示された微分方程式の解が得られた．

問題 4.8

$$y\,dx - x\,dy = a\sqrt{dx^2 + dy^2} \quad (a \text{ は定数})$$

【解答】

曲線の探索．第1の問題

『積分計算教程』には明記されていないが，オイラーは論文

「積分計算におけるいくつかのパラドックスの提示」(E236．ベルリン科学文芸アカデミー紀要，第12巻．1756年．1758年刊行)

において，ここに提示した微分方程式の出自は曲線の理論であることを明らかにした．曲線の理論には，接線を知って全容を描くという問題があり，ライプニッツにより，逆接線法という名の積分法を適用してこれを解決する道が開かれた．図4.3において，Aは与えられた点，EMは探索の対象となる曲線を表している．Mはこの曲線上の任意の点，VMは点Mにおける曲線EMの接線であり，点Aから接線VMに向けて垂線AVが降ろされている．このような状況のもとで，オイラーは

線分AVはつねに一定の長さをもつ．

という限定条件を課し，これに応じる曲線EMを描くことを要請した．オイラーが論文[E236]においてまずはじめに取り上げたのはこのような問題である．

接線の方程式

線分AVに課された一定値をaと表記する．与えられた点Aを始点として無限直線APを引き，これを基準にしていろいろな線分の長さを測定する．曲線上の点Mからこの軸に向けて降ろした垂線の足をPとし，線分APをx，線分PMをyとする．曲線上の点Mに限りなく近い点mを曲線上にとり，その点から軸APに向けて降ろした垂線の足をpとする．点Mから線分mpに向けて降ろした垂線の足をπとする．$M\pi = dx$，$m\pi = dy$，$Mm = ds$と表記する．これで二つの三角形$\triangle PMS$，$\triangle APR$と無限小三角形$\triangle Mm\pi$

300

EXPOSITION DE QUELQUES PARADOXES
DANS LE CALCUL INTÉGRAL

PAR M. EULER.

Premier Paradoxe.

I.

Je me propoſe ici de déveloper un paradoxe dans le calcul intégral, qui paroitra bien étrange : c'eſt qu'on parvient quelquefois à des équations différentielles, dont il paroit fort difficile de trouver les intégrales par les régles du calcul intégral, & qu'il eſt pourtant aiſé de trouver, non par le moyen de l'intégration, mais plutôt en différentiant encore l'équation propoſée ; de ſorte qu'une différentiation réiterée nous conduiſe dans ces cas à l'intégrale cherchée. C'eſt ſans doute un accident fort ſurprenant, que la différentiation nous puiſſe mener au même but, auquel on eſt accoutumé de parvenir par l'intégration qui eſt une opération entierement oppoſée.

II. Pour mieux faire ſentir l'importance de ce paradoxe, on n'a qu'à ſe ſouvenir, que le calcul intégral renferme la méthode naturelle de trouver les intégrales des quantités différentielles quelconques : & de là il ſemble qu'une équation différentielle étant propoſée, il n'y a d'autre moyen pour arriver à ſon intégrale, que d'en entreprendre l'intégration. Et ſi l'on vouloit, au lieu d'intégrer cette équation, la différentier encore une fois, on devroit croire qu'on s'éloigneroit encore davantage du but propoſé ; attendu qu'on auroit alors une équation différentielle du ſecond degré, qu'il faudroit même deux fois intégrer, avant qu'on parvint aut but propoſé.

III.

図 4.2 「積分計算におけるいくつかのパラドックスの提示」1 ページ目

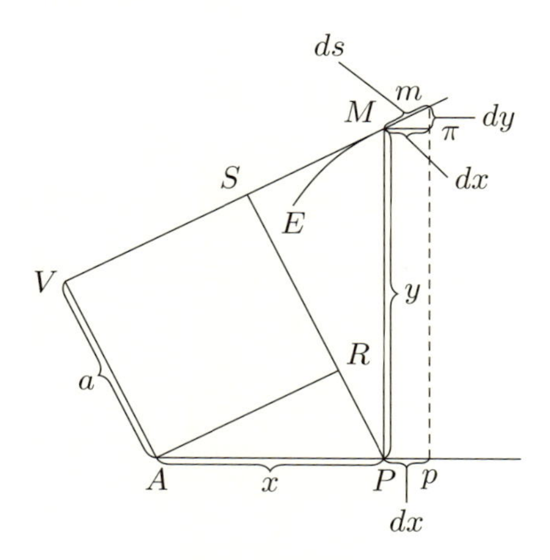

図 **4.3**　問題 4.8

が描かれるが，これらはみな相似であるから，等式

$$PS = \frac{M\pi \cdot PM}{Mm} = \frac{y\,dx}{ds} \quad (ds = \sqrt{dx^2 + dy^2})$$
$$PR = \frac{m\pi \cdot AP}{Mm} = \frac{x\,dy}{ds}$$

が成立する．これを $AV = PS - PR$ に代入すると，

$$a = \frac{y\,dx - x\,dy}{ds}.$$

$ds = \sqrt{dx^2 + dy^2}$ であるから，$y\,dx - x\,dy = a\sqrt{dx^2 + dy^2}$．これが曲線 EM の接線の方程式である．

曲線の方程式を求める

こうして得られた接線の方程式は提示された微分方程式そのものである．このままの形では接線のように見えないが，平方根をはずすことをめざして左右両辺の自乗を作ると，等式

$$y^2\,dx^2 - 2xy\,dxdy + x^2\,dy^2 = a^2(dx^2 + dy^2)$$

が生じる．形を整えると，

$$(a^2 - x^2)\,dy^2 + 2xy\,dxdy + (a^2 - y^2)\,dx^2 = 0.$$

これを dy に関する 2 次方程式と見て解くと，

$$\begin{aligned}(a^2 - x^2)\,dy &= -xy\,dx + \sqrt{(xy\,dx)^2 - (a^2 - x^2)(a^2 - y^2)\,dx^2} \\ &= -xy\,dx + a\sqrt{x^2 + y^2 - a^2}\,dx\end{aligned}$$

となり，1 階常微分方程式

$$(a^2 - x^2)\,dy + xy\,dx = a\sqrt{x^2 + y^2 - a^2}\,dx$$

が生じる．これは dx と dy を連繋する 1 次方程式であり，探索の対象となっている曲線の接線を表している．

積分計算で解く

むずかしい形の微分方程式だが，オイラーはまず，

$$y = u\sqrt{a^2 - x^2}$$

と置いて新しい変化量 u を導入してこれを解いた．y の代りに u を用いると，

$$\begin{gathered}\sqrt{x^2 + y^2 - a^2} = \sqrt{x^2 + u^2(a^2 - x^2) - a^2} = \sqrt{(a^2 - x^2)(u^2 - 1)}, \\ dy = \sqrt{a^2 - x^2}\,du - \frac{ux\,dx}{\sqrt{a^2 - x^2}}, \\ (a^2 - x^2)\,dy = (a^2 - x^2)^{\frac{3}{2}}\,du - ux\sqrt{a^2 - x^2}\,dx\end{gathered}$$

と計算が進む．これらを提示された微分方程式に代入すると，

$$(a^2 - x^2)^{\frac{3}{2}}\,du = a\sqrt{(a^2 - x^2)(u^2 - 1)}\,dx$$

という形になる．ここで，二通りの場合を区別する．

(1) $u^2 = 1$ のとき

この場合，上記の微分方程式の右辺は 0 になる．また，u は定数であるから $du = 0$ であり，左辺もまた 0 に等しい．それゆえ，この場合には微分方程式が満たされるから，等式 $u^2 = 1$ は解のひとつを与えている．このとき，

$y = u\sqrt{a^2 - x^2}$ の両辺を自乗して，等式

$$x^2 + y^2 = a^2$$

が得られる．これが提示された微分方程式の解のひとつである．これは A を中心とする半径 a の円の方程式である．

(2) $u^2 \neq 1$ **のとき**

この場合には変数を分離することができて，

$$\frac{du}{\sqrt{u^2 - 1}} = \frac{a\,dx}{a^2 - x^2}$$

という形になる．左辺の微分式の積分は，

$$\int \frac{du}{\sqrt{u^2 - 1}} = \log\left(u + \sqrt{u^2 - 1}\right)$$

と算出される．右辺の微分式の積分は，積分定数を $\log n$(n は定数) と表記するとき，

$$\begin{aligned}\int \frac{a\,dx}{a^2 - x^2} &= \frac{1}{2}\int \left(\frac{1}{a+x} + \frac{1}{a-x}\right) \\ &= \frac{1}{2}\left(\log(a+x) - \log(a-x)\right) + \log n \\ &= \frac{1}{2}\log\frac{a+x}{a-x} + \log n = \log n\sqrt{\frac{a+x}{a-x}}\end{aligned}$$

と表示される．これより等式

$$u + \sqrt{u^2 - 1} = n\sqrt{\frac{a+x}{a-x}}$$

が得られる．左辺の u を右辺に移すと，

$$\sqrt{u^2 - 1} = n\sqrt{\frac{a+x}{a-x}} - u.$$

両辺を自乗して計算を進めると，

$$u = \frac{n}{2}\sqrt{\frac{a+x}{a-x}} + \frac{1}{2n}\sqrt{\frac{a-x}{a+x}}.$$

これを $y = u\sqrt{a^2 - x^2}$ に代入すると，x と y を連繋する方程式

$$y = \frac{n}{2}(a+x) + \frac{1}{2n}(a-x)$$

が得られる．これが提示された微分方程式のもうひとつの解であり，直線を表す方程式である．

平方根 $\sqrt{(a+x)^2}$，$\sqrt{(a-x)^2}$ はそれぞれ二つの値を表しているが，ここでは $a+x$ と $a-x$ を採用して計算を進めた．$-(a+x)$ と $-(a-x)$ を採用しても同じことになる．$a+x$ と $-(a-x)$ を採用すると直線の方程式

$$y = \frac{n}{2}(a+x) - \frac{1}{2n}(a-x)$$

が得られるが，これは提示された微分方程式を満たさない．$-(a+x)$ と $a-x$ を採用する場合も同様である．

点 A から直線までの距離

はじめに提示された曲線を求める問題に立ち返ると，直線は相応しい解ではないが，点 A からこの直線までの距離は a に等しい．実際，$n=1$ のときは直線の方程式は $y=a$ となり，明らか．$n \neq 1$ のとき，図 4.4 において，線分 KL の長さは

$$\begin{aligned}
KL &= \sqrt{\left(\frac{(1+n^2)a}{2n}\right)^2 + \left(\frac{(1+n^2)a}{1-n^2}\right)^2} \\
&= (1+n^2)a\sqrt{\frac{(1-n^2)^2+4n^2}{4n^2(1-n^2)^2}} = \cdots = \frac{(1+n^2)^2 a}{2|n(1-n^2)|}
\end{aligned}$$

と算出される．$\triangle AVL$ と $\triangle KAL$ は相似であるから，

$$AV = \frac{KA \cdot AL}{KL} = \frac{\frac{(1+n^2)a}{2|n|} \cdot \frac{(1+n^2)a}{|1-n^2|}}{\frac{(1+n^2)^2 a}{2|n(1-n^2)|}} = a$$

となる．これで確認された．

円と直線の関係

曲線を規定する微分方程式を書き下して積分計算により解を求めたところ，

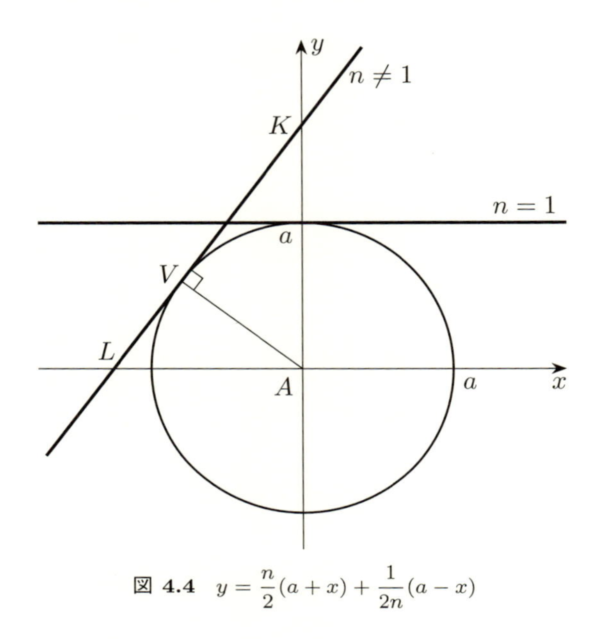

図 4.4　$y = \frac{n}{2}(a+x) + \frac{1}{2n}(a-x)$

二つの解が見出だされた．ひとつは直線の方程式で，無数の直線が描かれるが，点 A からの距離はすべての直線について一定値 a が保持される．もうひとつは点 A を中心とし，半径が a の円の方程式である．二つの解の関係に着目すると，直線群に属する直線はどれもみな円に接していることがわかる．

微分して解く

積分計算は微分計算の逆演算と認識されているのであるから，微分方程式を解くには「積分する」ことが基本である．他の方法はありえないように思われるが，オイラーはまったく別の解法を発見した．それは「微分方程式を微分して解を求める」という方法である．

変数 $p = \frac{dy}{dx}$ を導入して，提示された微分方程式を変形する．提示された微分方程式の両辺を dx で割り，$\frac{dy}{dx}$ を p に置き換えると，

$$y - px = a\sqrt{1+p^2}$$

という形になる．オイラーはここで，この方程式には微分の姿が見えないこ

とに注意を喚起した．一見して微分方程式のようには見えないが，それでも依然として微分方程式である．それは文字 p が存在するためで，p は微分の比 $p=\dfrac{dy}{dx}$ なのであるから，これを代入すれば再びもとの微分方程式にもどるのである．オイラーはこのように指摘して，それから，**この微分方程式を積分するのではなく，その代わりにもう一度微分する**と宣言した．そこで両辺の微分を作ると，

$$dy-(p\,dx+x\,dp)=\frac{ap\,dp}{\sqrt{1+p^2}}$$

となるが，$dy=p\,dx$ であるから，等式

$$-x\,dp=\frac{ap\,dp}{\sqrt{1+p^2}}$$

が得られる．これより，

$$dp=0,$$

あるいは

$$-x=\frac{ap}{\sqrt{1+p^2}}$$

となることが明らかになる．

$dp=0$ のとき

この場合，p は定数である．そこで，α は定数として，

$$p=\alpha$$

と置き，これを $y-px=a\sqrt{1+p^2}$ に代入すると，

$$y=\alpha x+a\sqrt{1+\alpha^2}$$

が得られる．これが提示された微分方程式のひとつの解である．

積分して得られた解でも，

$$y=\frac{n}{2}(a+x)+\frac{1}{2n}(a-x)$$

という直線の方程式が得られたが，これは微分して得られた解 $y=\alpha x+$

$a\sqrt{1+\alpha^2}$ と同じものである．実際，$\alpha = \dfrac{n^2-1}{2n}$ と置くと，

$$a\sqrt{1+\alpha^2} = \frac{(n^2+1)a}{2n}$$

となるので，

$$y = \frac{n^2-1}{2n}x + \frac{(n^2+1)a}{2n}$$

となることが確かめられる．

$-x = \dfrac{ap}{\sqrt{1+p^2}}$ のとき

$y - px = a\sqrt{1+p^2}$ に $x = -\dfrac{ap}{\sqrt{1+p^2}}$ 代入すると，

$$y = -\frac{ap^2}{\sqrt{1+p^2}} + a\sqrt{1+p^2} = \frac{a}{\sqrt{1+p^2}}$$

となり，y もまた p を用いて表示される．

x, y の p による表示式から p を消去すると，等式

$$x^2 + y^2 = a^2$$

が得られる．これが提示された微分方程式のもうひとつの解である．(x, y) 平面上に図示すると半径 a の円周が描かれる．

オイラーの言葉

微分方程式を「微分して解く」というのはいかにも意外な事態だが，実際に可能であり，しかも「積分して解く」という通常の方法によるよりもはるかに簡明である．論文「積分計算におけるいくつかのパラドックスの提示」(E236) からオイラーの言葉を拾うと，「積分計算には任意の微分量の積分を見つける自然な方法が包摂されている」のであるから，「微分方程式が提示されたとき，その積分に到達するには積分を遂行するほかはないように思われる」が，「積分を用いるのではなく，むしろ提示された微分方程式をさらに微分することにより容易に見つかる」のである．

微分方程式を積分するのではなく微分したりするのでは，微分方程式の階

数が高まるばかりであり，解を求めるという目的地からますます遠ざかるばかりと考えるほかはない．だが，実際にはこのような常識的な判断を裏切る現象が生起する．オイラーはこれを「とても奇妙に見えるパラドックス」と見たのである．

オイラーの論文には四つの事例（問題 4.8，問題 4.10，問題 4.11，問題 4.12）が挙げられていて，本問が第 1 の事例である．次の問題では第 1 の事例を補足する事柄が語られている．

問題 4.9

$$y\,dx - x\,dy = a\sqrt[3]{dx^3 + dy^3} \quad (a \text{ は定数．} \ a \neq 0)$$

【解答】

パラドックスの力

前問は「積分する」という通常の手法でも解くことができたが，本問は無理ではないかというのがオイラーの所見である．本問は前問と形がよく似ているが，前問の右辺の $\sqrt{dx^2 + dy^2}$ が本問では $\sqrt[3]{dx^3 + dy^3}$ となっている．曲線の理論に由来する問題ではなく，前問の形を参照して少し複雑にしたのである．

この問題を通常の方法で解こうとして両辺を 3 乗すると，dy に関する 3 次の代数方程式が現れる．そこでカルダノの公式を適用してこれを解き，dy と dx を連繫する 1 次関係式を書き下すという順序を踏むことになるが，前問に比べて格段に複雑さが増している．さらに一般的な形にして，

$$y\,dx - x\,dy = a\sqrt[n]{\alpha\,dx^n + \beta\,dx^{n-\nu}dy^\nu + \gamma\,dx^{n-\mu}dy^\mu + \cdots}$$

という微分方程式を考えると，もう通常の手法で解くのは不可能のように見える．だが，「微分する」という方法を用いれば，これもまたやすやすと解けてしまう．オイラーはそこに「パラドックスの力」を見ているのである．

変数 $p = \dfrac{dy}{dx}$ を用いて変形する

提示された微分方程式の両辺を dx で割ると，

$$y - px = a\sqrt[3]{1 + p^3}$$

という形になる．ここで，オイラーは，「この微分方程式は通常の方法で解くのはむずかしい」と前置きし，両辺の微分を計算した．これを実行すると，

$$dy - (p\,dx + x\,dp) = \frac{ap^2\,dp}{\sqrt[3]{(1+p^3)^2}}.$$

$dy = p\,dx$ より，

$$-x\,dp = \frac{ap^2\,dp}{\sqrt[3]{(1+p^3)^2}}$$

となる．これより $dp = 0$ もしくは $x = -\frac{ap^2}{\sqrt[3]{(1+p^3)^2}}$ となることが判明する．

$dp = 0$ のとき

この場合，p は定数である．その定数を α で表して

$$p = \alpha$$

と置くと，x と y を連繫する等式

$$y = \alpha x + a\sqrt[3]{1+\alpha^3}$$

が得られる．これが提示された微分方程式のひとつの解である．

$x = -\frac{ap^2}{\sqrt[3]{(1+p^3)^2}}$ のとき

$y - px = a\sqrt[3]{1+p^3}$ に $x = -\frac{ap^2}{\sqrt[3]{(1+p^3)^2}}$ を代入して計算を進めると，

$$y = px + a\sqrt[3]{1+p^3} = -\frac{ap^3}{\sqrt[3]{(1+p^3)^2}} + a\sqrt[3]{1+p^3} = \frac{a}{\sqrt[3]{(1+p^3)^2}}$$

となり，y もまた x と同様に p を用いてを表示される．x と y が p を媒介として連繫され，提示された微分方程式はこれで解けたのである．

p を消去すると

二つの表示式

$$x = -\frac{ap^2}{\sqrt[3]{(1+p^3)^2}}, \quad y = \frac{a}{\sqrt[3]{(1+p^3)^2}}$$

から p を消去して，x と y を連繫する方程式を書くこともできる．x と y のそれぞれの 3 乗の和を作ると，

$$y^3 + x^3 = \cdots = \frac{a^3(1-p^3)}{1+p^3} = -a^3 + \frac{2a^3}{1+p^3}$$

となる．これより，

$$\frac{1}{1+p^3} = \frac{a^3 + x^3 + y^3}{2a^3}.$$

これを y の表示式に代入すると，

$$y = \frac{a}{\sqrt[3]{(1+p^3)^2}} = \frac{(a^3 + x^3 + y^3)^{\frac{2}{3}}}{a\sqrt[3]{4}}$$

となる．これより，等式

$$4a^3y^3 = (a^3 + x^3 + y^3)^2$$

が得られる．展開すると，

$$a^6 + 2a^3x^3 - 2a^3y^3 + x^6 + 2x^3y^3 + y^6 = 0$$

となる．これが提示された微分方程式の解である．

いっそう複雑な形の微分方程式

「微分方程式を微分して解く」という手法を用いれば，

$$y\,dx - x\,dy = a\sqrt[n]{\alpha\,dx^n + \beta\,dx^{n-\nu}dy^\nu + \gamma\,dx^{n-\mu}dy^\mu + \cdots}$$

という複雑な形の微分方程式もやすやすと解くことができる．実際，$dy = p\,dx$ と置くと，

$$y = px + a\sqrt[n]{\alpha + \beta p^\nu + \gamma p^\mu + \cdots}$$

という形の方程式に導かれる．これを微分して，それから dp で割ると，x を p を用いて表示する式

$$x = \frac{-\nu a\beta p^{\nu-1} - \mu a\gamma p^{\mu-1} - \cdots}{n\sqrt[n]{(\alpha + \beta p^{\nu} + \gamma p^{\mu} + \cdots)^{n-1}}}$$

が得られる．これより y を p を用いて表示する式

$$y = \frac{na\alpha + (n-\nu)a\beta p^{\nu} + (n-\mu)a\gamma p^{\mu} + \cdots}{n\sqrt[n]{(\alpha + \beta p^{\nu} + \gamma p^{\mu} + \cdots)^{n-1}}}$$

も得られる．これが提示された微分方程式の解である．p を消去すれば，x と y を連繫する代数方程式が得られる．

途中で dp で割るという操作を行ったが，方程式 $dp = 0$ からも解が得られる．このとき p は定数である．それを m と置き，

$$y = px + a\sqrt[n]{\alpha + \beta p^{\nu} + \gamma p^{\mu} + \cdots}$$

に代入すると，直線の方程式

$$y = mx + a\sqrt[n]{\alpha + \beta m^{\nu} + \gamma m^{\mu} + \cdots}$$

が得られる．これもまた提示された微分方程式の解である．

問題 4.10

$$\left(y - \frac{x\,dy}{dx}\right)\left(y - \frac{x\,dy}{dx} + \frac{2a\,dy}{dx}\right) = c^2 \quad (c \text{ は定数})$$

【解答】

曲線の探索．第 2 の問題

軸 AB の上側に曲線 AMB を描き，その曲線上の任意の点 M において接線 TMV を引く．また，軸と垂直に 2 本の線 AE, BF を引く．2 点 T, V はそれぞれ接線 TMV との交点を表している．点 M から軸 AB に向けて垂線 MP を降ろし，その垂線に向けて，点 T から軸 AB と平行な線分 TR を引く．また，点 M から線 BF に向けて，軸 AB と平行な線分 MS を引く（図 4.5）．このとき，オイラーは，

2 本の線 AT, BV で作られる長方形の面積はつねに一定になる．

という条件を課し，この条件を満たす曲線 AMB を探索するという問題を提

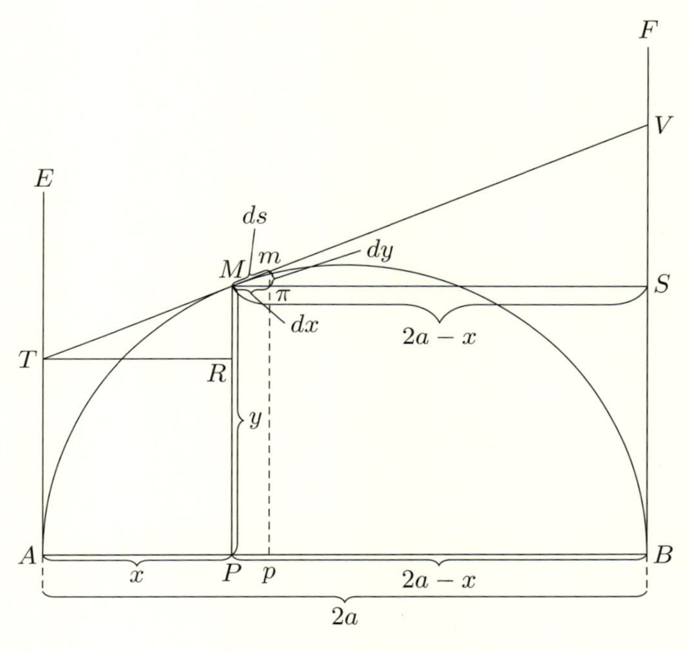

図 **4.5**　問題 4.10

示した.

微分方程式を立てる

軸 AB の長さを $2a$ とし，AP を x，線分 PM を y で表す．二つの三角形 $\triangle TRM$, $\triangle MSV$ と無限小三角形 $\triangle M\pi m$ は相似であることに着目する．二つの等式

$$RM = \frac{x\,dy}{dx}, \quad SV = \frac{(2a-x)\,dy}{dx}$$

が得られる．これより，

$$AT = PM - RM = y - \frac{x\,dy}{dx}, \quad BV = BS + SV = y + \frac{(2a-x)\,dy}{dx}$$

となる．AT, BV を 2 辺とする長方形の面積はつねに一定という条件が課されている．そこでその一定値を c^2 で表すと，微分方程式

$$\left(y - \frac{x\,dy}{dx}\right)\left(y + \frac{(2a-x)\,dy}{dx}\right) = c^2$$

が得られる．これを通常の積分による手法で解こうとすると，大きな困難に直面するというのがオイラーの所見である．だが，$p=\dfrac{dy}{dx}$ と置いて新しい変化量 p を導入するとたやすく解けてしまう．

変化量 p の導入

上記の微分方程式に $p=\dfrac{dy}{dx}$ を代入すると，

$$(y-px)(y-px+2ap)=c^2$$

という形になる．式変形を進めると，

$$y^2+2(a-x)py-2ap^2x+p^2x^2=c^2,$$

すなわち

$$y^2+2(a-x)py+(a-x)^2p^2-a^2p^2=c^2.$$

これより

$$y+(a-x)p=\sqrt{c^2+a^2p^2},$$

すなわち

$$y=-(a-x)p+\sqrt{c^2+a^2p^2}$$

という表示式が得られる．この表示式の両辺の微分を作るのが，もうひとつの解法の第一歩である．

微分計算を実行すると，

$$dy=-(a-x)\,dp+p\,dx+\frac{a^2p\,dp}{\sqrt{c^2+a^2p^2}}$$

となるが，$dy=p\,dx$ であることに留意すると，等式

$$(a-x)\,dp=\frac{a^2p\,dp}{\sqrt{c^2+a^2p^2}}$$

が得られる．これより，

$$dp=0,$$

あるいは

$$a - x = \frac{a^2 p}{\sqrt{c^2 + a^2 p^2}}$$

となることが判明する．

後者の場合，x を p を用いて表示する式

$$x = a - \frac{a^2 p}{\sqrt{c^2 + a^2 p^2}}$$

が得られる．これを $y = -(a - x)p + \sqrt{c^2 + a^2 p^2}$ に代入すると，y を p を用いて表示する式

$$y = -\frac{a^2 p^2}{\sqrt{c^2 + a^2 p^2}} + \sqrt{c^2 + a^2 p^2} = \frac{c^2}{\sqrt{c^2 + a^2 p^2}}$$

が手に入る．

提示された微分方程式はこれで解けたが，p を消去することもできる．式の形を変えて，

$$\frac{a - x}{a} = \frac{ap}{\sqrt{c^2 + a^2 p^2}}, \quad \frac{y}{c} = \frac{c}{\sqrt{c^2 + a^2 p^2}}$$

と表示すると，容易に p が消去されて，楕円の方程式

$$\frac{(x - a)^2}{a^2} + \frac{y^2}{c^2} = 1$$

が得られる（図 4.6 上）．

前者の場合，すなわち $dp = 0$ のときは p は定数である．それを n と置くと，直線の方程式

$$y = -n(a - x) + \sqrt{c^2 + n^2 a^2}$$

が得られる（図 4.6 下）．$x = 0$ のとき，$y = -na + \sqrt{c^2 + n^2 a^2}$．これが線分 AT の長さである．$x = 2a$ のとき，$y = na + \sqrt{c^2 + n^2 a^2}$．これが線分 BV の長さである．それゆえ，定数 n が何であっても，つねに等式

$$AT \times BV = c^2$$

が成立する．

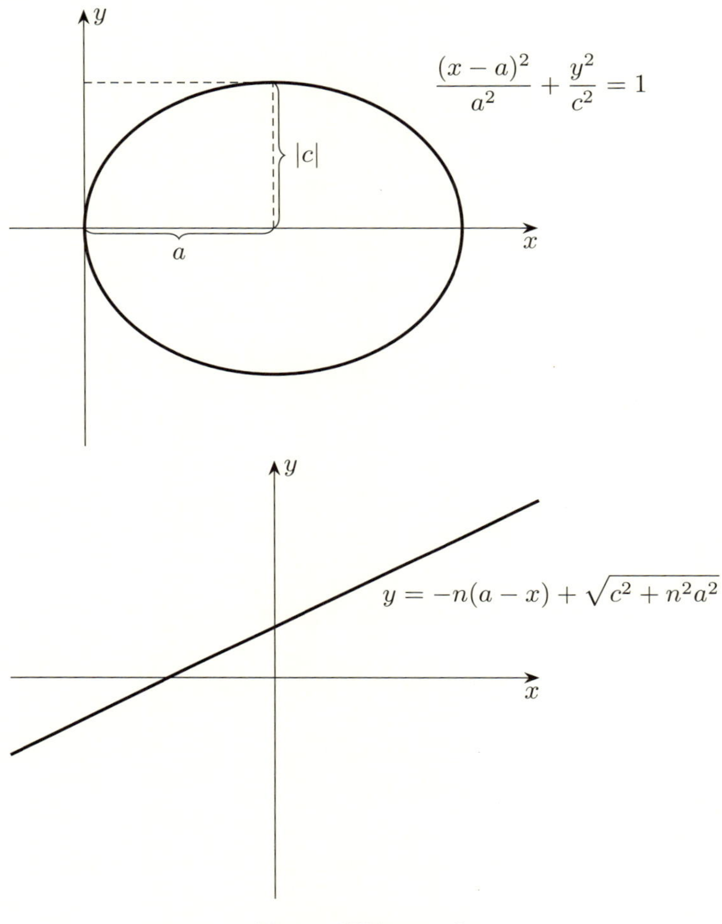

図 4.6　問題 4.10 の解

これで提示された微分方程式のすべての解が求められた.

問題 4.11

$$y\,dx - x\,dy + b\,dy = \sqrt{a^2\,ds^2 - b^2\,dx^2} \quad (a, b \text{ は定数})$$

【解答】

曲線の探索．第 3 の問題

平面上に 2 点 A, C が与えられ，曲線 EM が描かれている．この曲線上の任意の点 M において接線 MV を引き，その接線に向けて点 A から垂線 AV を引く．その点 V をもうひとつの点 C と結ぶ．このとき，オイラーは，

線分 CV の長さはつねに同一になる．

という条件を課し，この条件を満たす曲線の形を定めるという問題を提示した．

微分方程式を立てる

図 4.7 において，$AC = b$ と置き，この線を軸と定める．この軸に向けて点 M から垂線 MP を降ろす．M に限りなく近い曲線上の点 m をとり，軸 AC に向けて MP に限りなく近い垂線 mp を降ろす．また，$AP = x$, $PM = y$, $Pp = M\pi = dx$ および $m\pi = dy, Mm = \sqrt{dx^2 + dy^2} = ds$ とする．第 1 の問題（本書，問題 4.8）で見たように，

$$PS = \frac{y\,dx}{ds}, \quad PR = \frac{x\,dy}{ds}.$$

それゆえ，

$$AV = PS - PR = \frac{y\,dx - x\,dy}{ds}$$

となる．

点 V から軸に向けて垂線 VX を降ろすと，二つの三角形 $Mm\pi, VAX$ は相似であるから，

$$VX = \frac{M\pi \cdot AV}{Mm} = \frac{dx(y\,dx - x\,dy)}{ds^2},$$
$$AX = \frac{m\pi \cdot AV}{Mm} = \frac{dy(y\,dx - x\,dy)}{ds^2}.$$

それゆえ，

$$CX = CA + AX = b + \frac{dy(y\,dx - x\,dy)}{ds^2}$$

となる．

線分 CV の長さはつねに一定という条件が課されている．その一定値を a で表す．$CV^2 = CX^2 + XV^2$ により，

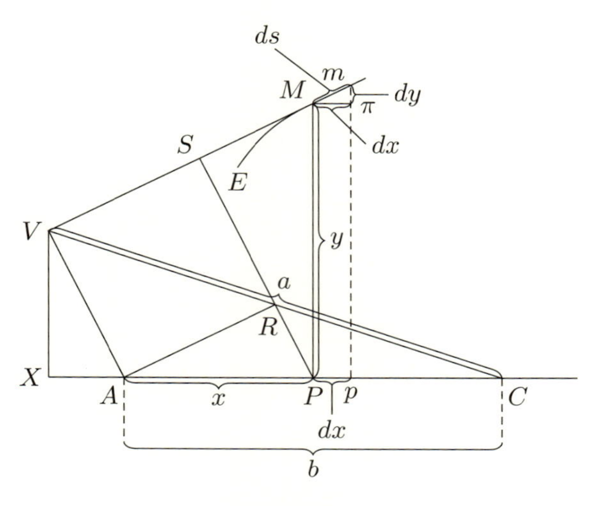

図 4.7　問題 4.11

$$
\begin{aligned}
a^2 &= b^2 + \frac{2b\,dy(y\,dx - x\,dy)}{ds^2} + \frac{dy^2(y\,dx - x\,dy)^2}{ds^4} + \frac{dx^2(y\,dx - x\,dy)^2}{ds^4} \\
&= b^2 + \frac{2b\,dy(y\,dx - x\,dy)}{ds^2} + \frac{(dx^2 + dy^2)(y\,dx - x\,dy)^2}{ds^4} \\
&= b^2 + \frac{2b\,dy(y\,dx - x\,dy)}{ds^2} + \frac{(y\,dx - x\,dy)^2}{ds^2}
\end{aligned}
$$

と計算が進む．ここで，$dx^2 + dy^2 = ds^2$ を用いた．これより，

$$
\begin{aligned}
&\frac{(y\,dx - x\,dy)^2}{ds^2} + \frac{2b\,dy(y\,dx - x\,dy)}{ds^2} + \frac{b^2\,dy^2}{ds^2} \\
&\qquad = a^2 - b^2 + \frac{b^2\,dy^2}{ds^2} = a^2 - \frac{b^2\,dx^2}{ds^2}
\end{aligned}
$$

となる．左辺は

$$
\frac{y\,dx - x\,dy}{ds} + \frac{b\,dy}{ds}
$$

の自乗である．そこで平方根を開くと，等式

$$
\frac{y\,dx - x\,dy}{ds} + \frac{b\,dy}{ds} = \sqrt{a^2 - \frac{b^2\,dx^2}{ds^2}}
$$

が得られる．両辺に ds を乗じると，

$$y\,dx - x\,dy + b\,dy = \sqrt{a^2\,ds^2 - b^2\,dx^2}$$

というきれいな形になる.

微分方程式を微分して解く

指定された曲線の形を決定するために解くべき微分方程式が得られたが, これを通常の方法で解こうとすると,「あまりにもうっとおしい計算に飛び込んでしまうのは明白だ」とオイラーは嘆息し,「そこで私は $dy = p\,dx$ と置く」と宣言した. このように置くと,

$$ds^2 = dx^2 + dy^2 = (1+p^2)\,dx^2.$$

これを前記の微分方程式に代入すると,

$$y\,dx - px\,dx + bp\,dx = \sqrt{a^2(1+p^2) - b^2}\,dx.$$

両辺を dx で割ると,

$$y - px + bp = \sqrt{a^2(1+p^2) - b^2}$$

という形になる. 両辺の微分を作ると,

$$dy - p\,dx - x\,dp + b\,dp = \frac{a^2 p\,dp}{\sqrt{a^2(1+p^2) - b^2}}.$$

$dy = p\,dx$ であるから,

$$(b-x)\,dp = \frac{a^2 p\,dp}{\sqrt{a^2(1+p^2) - b^2}}$$

となる. これより, $dp = 0$ であるか, あるいは

$$b - x = \frac{a^2 p}{\sqrt{a^2(1+p^2) - b^2}}$$

となるかのいずれかである.

$dp = 0$ の場合には p は定数である. そこでその定数を n と表記し, これを $y - px + bp = \sqrt{a^2(1+p^2) - b^2}$ に代入すると, 直線の方程式

$$y = -n(b-x) + \sqrt{a^2(1+n^2) - b^2}$$

が生じる．

もうひとつの場合には，x の p による表示式

$$x = b - \frac{a^2 p}{\sqrt{a^2(1+p^2) - b^2}}$$

が得られる．これを $y - px + bp = \sqrt{a^2(1+p^2) - b^2}$ に代入すると，y の p による表示式

$$\begin{aligned} y &= -(b-x)p + \sqrt{a^2(1+p^2) - b^2} \\ &= -\frac{a^2 p^2}{\sqrt{a^2(1+p^2) - b^2}} + \sqrt{a^2(1+p^2) - b^2} \\ &= \frac{a^2 - b^2}{\sqrt{a^2(1+p^2) - b^2}} \end{aligned}$$

が手に入る．これで提示された微分方程式の解が得られたが，x と y の p による表示式から p を消去することもできる．

式変形を行って，

$$\frac{b-x}{a} = \frac{ap}{\sqrt{a^2(1+p^2) - b^2}},$$

$$\frac{y}{\sqrt{a^2 - b^2}} = \frac{\sqrt{a^2 - b^2}}{\sqrt{a^2(1+p^2) - b^2}}$$

という形に表記すると，p が容易に消去されて，x と y を連繫する方程式

$$\frac{(b-x)^2}{a^2} + \frac{y^2}{a^2 - b^2} = \frac{a^2(1+p^2) - b^2}{a^2(1+p^2) - b^2} = 1$$

が得られる．これは $a > b$ のときは楕円の方程式，$a < b$ のときは双曲線の方程式である（図 4.8）．

$a = b$ のとき，提示された微分方程式に立ち返ると，二つの方程式

$$y\,dx - x\,dy + a\,dy = a\,dy$$

$$y\,dx - x\,dy + a\,dy = -a\,dy$$

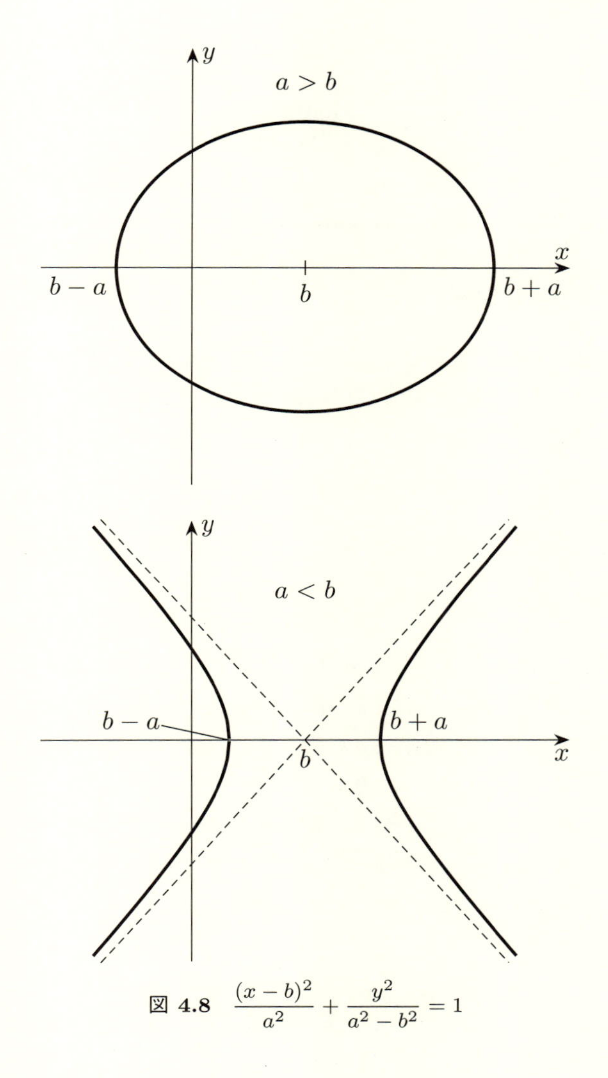

図 **4.8**　$\dfrac{(x-b)^2}{a^2} + \dfrac{y^2}{a^2-b^2} = 1$

に分解する．前者は

$$y\,dx - x\,dy = 0$$

となり，これを解くと (x, y) 平面において原点を通過するすべての直線の方程式が得られる．後者は

$$y\,dx + (2a - x)\,dy = 0$$

となり，これを解くと，点 $(2a, 0)$ を通るすべての直線の方程式が得られる．

問題 4.12

$$(y\,dx - x\,dy)(y\,dx - x\,dy + 2b\,dy) = c^2\,ds^2$$

【解答】

曲線の探索．第 4 の問題

平面上に 2 点 A, B が指定されている．曲線 EM が描かれていて，その上の任意の点 M において接線 VMX を引き，その接線に向けて 2 点 A, B から垂線 AV, BX を降ろす．このとき，オイラーは，

2 本の線分 AV, BX を 2 辺とする長方形の面積はつねに一定である．

という限定を課して，これを受け入れる曲線を求めるという問題を提示した．

微分方程式を立てる

2 点 A, B を結ぶ線分の長さを $AB = 2b$ とし，接点 M から線分 AB に向けて垂線 MP を降ろす．m は M に限りなく近い曲線上の点とし，m から線分 AB に向けもう 1 本の垂線 mp を降ろす．π は mp 上の点で，$M\pi$ と AB が平行になるように定める．このような状況のもとで，$AP = x$, $PM = y$, $Pp = M\pi = dx$, $\pi m = dy$ と置く（図 4.9）．Mm は無限小三角形 $Mm\pi$ の斜辺であるから，$Mm = \sqrt{dx^2 + dy^2}$．これを ds と表記する．

このように諸記号を定めると，すでに見たように，

$$AV = \frac{y\,dx - x\,dy}{ds}$$

となる．点 A から BX に向けて垂線 AR を引く．無限小三角形 $Mm\pi$ と三角形 ABR は相似であることに着目すると，$\dfrac{BR}{m\pi} = \dfrac{AB}{Mm}$．それゆえ，

$$BR = \frac{m\pi \cdot AB}{Mm} = \frac{2b\,dy}{ds}.$$

これに $RX = AV = \dfrac{y\,dx - x\,dy}{ds}$ を加えると，線分 BX の長さは

$$BX = \frac{y\,dx + (2b - x)\,dy}{ds}$$

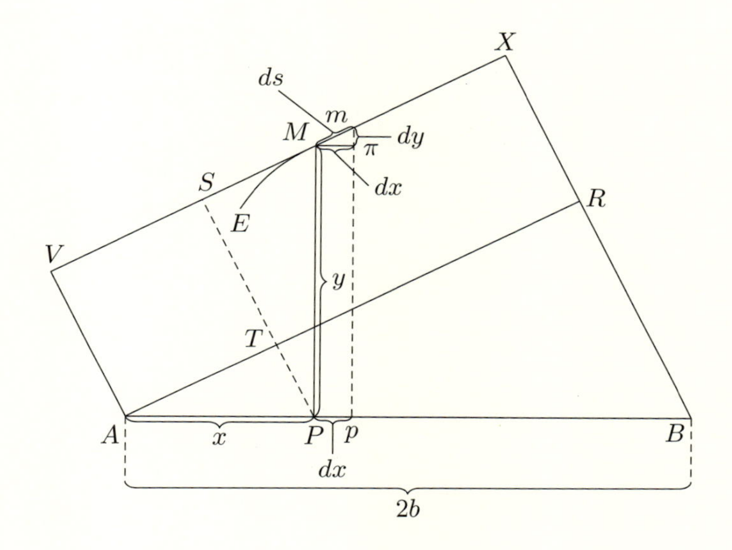

$\triangle ATP \backsim \triangle M\pi m$ より　$\triangle PSM \backsim \triangle M\pi m$ より

$$PT = \frac{x\,dy}{ds} \qquad PS = \frac{y\,dx}{ds}$$

$$\begin{aligned} AV &= TS \\ &= PS - PT \\ &= \frac{y\,dx - x\,dy}{ds} \end{aligned}$$

図 **4.9**　問題 4.12

と表示される.

AV と BX を 2 辺とする長方形の面積を c^2 と表記すると, 等式

$$\frac{y\,dx - x\,dy}{ds} \cdot \frac{y\,dx + (2b - x)\,dy}{ds} = c^2$$

が得られる. これより

$$(y\,dx - x\,dy)(y\,dx - x\,dy + 2b\,dy) = c^2\,ds^2.$$

これが曲線 EM を規定する微分方程式である.

微分方程式を解く

「通常の方法を気に掛けることなく」（オイラーの言葉），$dy = p\,dx$ と置くと，$ds^2 = (1+p^2)\,dx^2$ より，上記の微分方程式は

$$(y-px)(y-px+2bp) = c^2(1+p^2)$$

という形になる．式変形を進めると，

$$y^2 + 2(b-x)py - 2bp^2x + p^2x^2 = c^2(1+p^2)$$

となる．あるいはまた，

$$y^2 + 2(b-x)py + (b-x)^2p^2 = c^2(1+p^2) + b^2p^2$$

という形になるが，左辺は $(y+(b-x)p)^2$ に等しい．そこで平方根を開くと，

$$y + (b-x)p = \sqrt{c^2 + (b^2+c^2)p^2}.$$

それゆえ，等式

$$y = -(b-x)p + \sqrt{c^2 + (b^2+c^2)p^2}$$

が得られる．

この等式の両辺の微分を作ると，

$$dy = -(b-x)\,dp + p\,dx + \frac{(b^2+c^2)p\,dp}{\sqrt{c^2+(b^2+c^2)p^2}}$$

となるが，$dy = p\,dx$ により，

$$(b-x)\,dp = \frac{(b^2+c^2)p\,dp}{\sqrt{c^2+(b^2+c^2)p^2}}.$$

これより，

$$dp = 0$$

となるか，あるいは，

$$b - x = \frac{(b^2+c^2)p}{\sqrt{c^2+(b^2+c^2)p^2}}$$

となる．後者の場合，あらためて $b^2+c^2=a^2$ と置くと，

$$b-x=\frac{a^2p}{\sqrt{c^2+a^2p^2}}$$

という簡明な形になる．これより，

$$y=-(b-x)p+\sqrt{c^2+a^2p^2}=\frac{c^2}{\sqrt{c^2+a^2p^2}}$$

となる．

これで x, y がそれぞれ p を用いて表示された．

x と y の表示式を

$$\frac{b-x}{a}=\frac{ap}{\sqrt{c^2+a^2p^2}},\quad \frac{y}{c}=\frac{c}{\sqrt{c^2+a^2p^2}}$$

という形に変え，それぞれの平方を作って加えると p が消去されて，x と y を連繋する楕円の方程式

$$\frac{(b-x)^2}{a^2}+\frac{y^2}{c^2}=1$$

が得られる．これが提示された微分方程式の解である．曲線を探索する問題に立ち返ると，この楕円が求める曲線である（図 4.10）．

もうひとつの解

$dp=0$ の場合には p は定数である．その定数を n と表記すると，x と y を連繋する直線の方程式

$$y=-n(b-x)+\sqrt{c^2+n^2a^2}$$

が得られる．これもまた提示された微分方程式の解である．

オイラーの言葉

ここまでのところで，「微分方程式を微分して解く」というパラドックスを例示する例が五つまで挙げられた．似通った例はほかにもたくさんあり，さらに提示していくことも可能であるとオイラーは言う．このパラドックスはいかにも奇妙ではあるが，それは見かけのうえだけのことで，オイラーは微

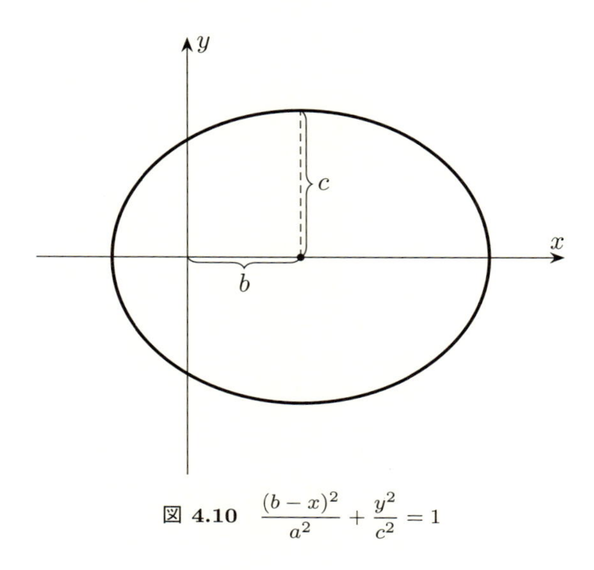

図 4.10　$\dfrac{(b-x)^2}{a^2}+\dfrac{y^2}{c^2}=1$

分方程式の新しい解法であることを確信しているのである．

問題 4.13

$$y\,dx - x\,dy = \frac{a(dx^2+dy^2)}{dx} \quad (a\ \text{は定数．}\ a \neq 0)$$

【解答】

微分 dp の算出

前問と同様に微分 dp の算出をめざして計算を進める．提示された微分方程式を dx で割ると，

$$y - x\frac{dy}{dx} = a\left(1+\left(\frac{dy}{dx}\right)^2\right).$$

すなわち，

$$y - px = a(1+p^2)$$

という形になる．両辺の微分を作ると，

$$dy - (p\,dx + x\,dp) = 2ap\,dp.$$

$dy = p\,dx$ であるから，等式

$$-x\,dp = 2ap\,dp$$

が得られる．これより $dp = 0$ もしくは $-x = 2ap$ となる．

$dp = 0$ のとき

この場合には p は定数である．そこでその定数を α で表して $p = \alpha$ と置くと，

$$y = \alpha x + a(1 + \alpha^2)$$

となる．これが提示された微分方程式のひとつの解である．

$-x = 2ap$ のとき

$x = -2ap$ を代入して計算を進めると，

$$y = px + a(1 + p^2) = -2ap^2 + a(1 + p^2) = a(1 - p^2)$$

となる．ここで，$p = -\dfrac{x}{2a}$ を代入すると，等式

$$y = a\left(a - \frac{x^2}{4a^2}\right)$$

が得られる．これが提示された微分方程式のもうひとつの解である（図 4.11）．

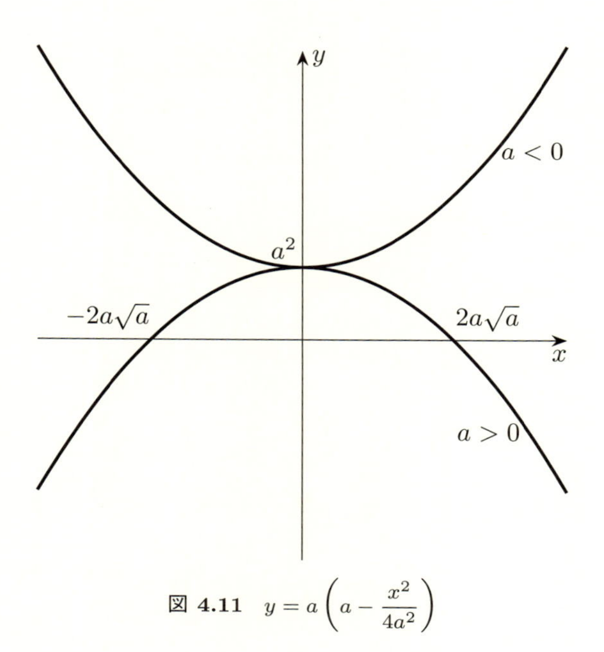

図 4.11　$y = a\left(a - \dfrac{x^2}{4a^2}\right)$

第5章
微分方程式の特異解

特異解（一般解に含まれない解）を語る．—オイラーの論文[E236]より

オイラーは論文「積分計算におけるいくつかのパラドックスの提示」([E236]) において「微分方程式を微分して解く」というパラドックスを語ったが，これを第1のパラドックスとして，この論文では第2のパラドックスも語られている．それは微分方程式の特異解に関する事柄である．

微分方程式を解くというのであれば，積分計算を遂行するほかはないと考えるのが通常の姿であり，その際，微分方程式に内包されるすべての場合を汲み尽くすために不定定数を付け加えることになる．何らかの具体的な問題があって，そこからある微分方程式が生じたとするなら，積分計算により見出だされる方程式には考えられる限りのすべての解が包摂されていると考えるのが当然で，これに疑いをはさむ余地はなさそうである．ところが，実際にはこの自然な想定に反する事例が存在する．積分計算では微分方程式の解の全容は必ずしも把握されないということであり，オイラーはこの現象をパラドックスと見ているのである．

オイラーは積分計算では得られない解に特別の呼称を与えているわけではないが，ここでは**特異解**と呼ぶことにしたいと思う．

問題 5.1

$$\sqrt{x^2+y^2-a^2}\,dy = x\,dx + y\,dy \quad (a\text{ は定数})$$

【解答】

一般解

通常の積分計算では見つけることのできない解を包摂する微分方程式は無数に存在するとオイラーは指摘して，一例として上記の微分方程式を提示した．まず通常の積分計算を適用して一般解を求めてみる．

提示された微分方程式を変形して，

$$dy = \frac{x\,dx + y\,dy}{\sqrt{x^2 + y^2 - a^2}}$$

という形に書くと，右辺の微分式

$$\omega = \frac{x\,dx + y\,dy}{\sqrt{x^2 + y^2 - a^2}}$$

は完全である．実際，等式

$$d\left(\sqrt{x^2 + y^2 - a^2}\right) = \frac{x\,dx + y\,dy}{\sqrt{x^2 + y^2 - a^2}}$$

が成立し，ω は関数

$$z = \sqrt{x^2 + y^2 - a^2}$$

の全微分であることがわかる．すなわち，等式

$$dz = \frac{x\,dx + y\,dy}{\sqrt{x^2 + y^2 - a^2}}$$

が成立する．それゆえ，提示された微分方程式は

$$dy = dz$$

と書き表される．これを積分すると，C を積分定数として，等式 $y = z + C$，すなわち

$$y = \sqrt{x^2 + y^2 - a^2} + C$$

が得られる．これが提示された微分方程式の一般解である．

この一般解の変形をもう少し続けると，

$$(y - C)^2 = x^2 + y^2 - a^2.$$

これより，$C=0$ のときは $x^2-a^2=0$. それゆえ，直線を表す二つの方程式

$$x=a, \quad x=-a$$

はいずれも提示された微分方程式の解である．$C \neq 0$ のときは，解は

$$y=-\frac{x^2}{2C}+\frac{1}{2}\left(C+\frac{a^2}{C}\right)$$

という形に表される．これは放物線を表す方程式である．

特異解

提示された微分方程式を $dy=\omega$ という形に変形する際に，

$$\sqrt{x^2+y^2-a^2}$$

による割り算を遂行したが，これを 0 と等値して得られる等式

$$x^2+y^2-a^2=0$$

もまた提示された微分方程式 $\sqrt{x^2+y^2-a^2}\,dy=x\,dx+y\,dy$ を満たす．実際，このとき，左辺は 0 になる．また，微分を作ると，$2x\,dx+2y\,dy=0$. よって $x\,dx+y\,dy=0$ となり，提示された微分方程式は左右両辺ともに 0 となる．

この解は一般解における定数 C にどのような数値を代入しても得られない．それゆえ，解 $x^2+y^2-a^2=0$ は特異解である．この解は (x,y) 平面上に原点を中心にして描かれた半径 a（$a>0$ の場合）の円を表す方程式である．

積分計算により得られた一般解には無数の放物線が包摂されている．それらのほかになお解が存在するとは思いもよらないことだというのが，オイラーの感慨である．

一般解と特異解の関係

一般解が表す放物線

$$y=-\frac{x^2}{2C}+\frac{1}{2}\left(C+\frac{a^2}{C}\right)$$

は，$|C|<|a|$ のとき，特異解 $x^2+y^2=a^2$ が表す円と 2 点 $(\sqrt{a^2-C^2}, C)$,

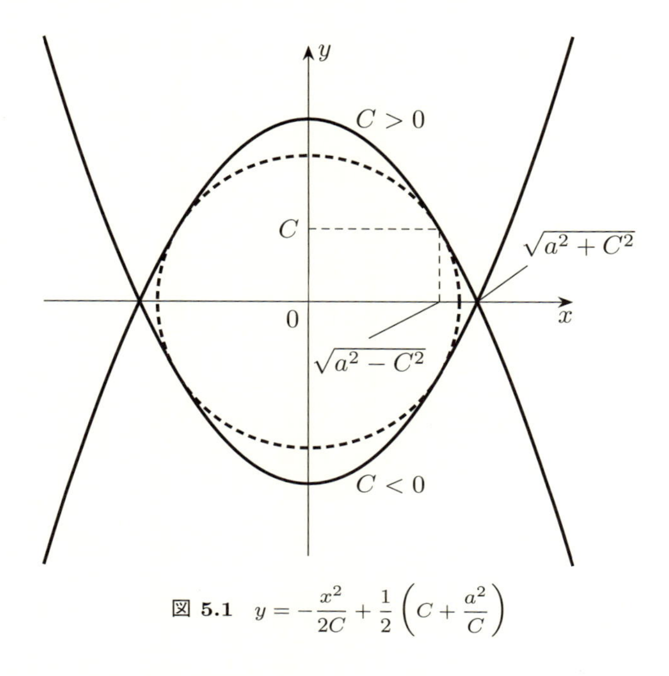

図 5.1　$y=-\dfrac{x^2}{2C}+\dfrac{1}{2}\left(C+\dfrac{a^2}{C}\right)$

$(-\sqrt{a^2-C^2},C)$ において接する（図 5.1）.

問題 4.8 再考

問題 4.8 で取り上げられた微分方程式は，式変形ののちに

$$(a^2-x^2)\,dy+xy\,dx=a\sqrt{x^2+y^2-a^2}\,dx$$

という形の微分方程式に帰着された．これを解くために $y=u\sqrt{a^2-x^2}$ と置いて新しい変化量 u を導入すると，

$$\frac{du}{\sqrt{u^2-1}}=\frac{a\,dx}{a^2-x^2}$$

という変数分離型の微分方程式に変換される．そこで微分式の積分を遂行すると，n は定数として，等式

$$u+\sqrt{u^2-1}=n\sqrt{\frac{a+x}{a-x}}$$

が導かれる．$u = \dfrac{y}{\sqrt{a^2 - x^2}}$ に留意して式変形を進めると，直線の方程式

$$y = \frac{n}{2}(a + x) + \frac{1}{2n}(a - x)$$

が得られる．これが通常の方法で得られた一般解である．

他方，円の方程式

$$x^2 + y^2 = a^2$$

もまた解である．実際，このとき $a^2 - x^2 = y^2$ であるから，$(a^2 - x^2)\,dy + xy\,dx = y(y\,dy + x\,dx)$．ところが $x^2 + y^2 = a^2$ の微分を作ると，$x\,dx + y\,dy = 0$ となるから，$(a^2 - x^2)\,dy + xy\,dx = 0$ となる．これで $x^2 + y^2 = a^2$ は解であることが確かめられたが，この解は特異解であり，先ほど求められた一般解において不定定数 n をどのように指定しても決して得られない．

架空の微分方程式ではなく，曲線を求めるという実態の伴う問題から取り出された微分方程式であっても特異解が出現することがある．オイラーはそれを強調するために，この例を語ったのである．

問題 4.10 再考

特異解

問題 4.10 において，微分方程式

$$\left(y - \frac{x\,dy}{dx}\right)\left(y - \frac{x\,dy}{dx} + \frac{2a\,dy}{dx}\right) = c^2 \quad (c \text{ は定数})$$

が取り上げられて，「微分して解く」という手法により解が求められた．曲線の探索に由来する微分方程式であり，解として楕円と直線が求められたが，曲線の探索という本来の意図に該当するのは楕円である．「積分して解く」という通常の方法を適用するのは困難だが，オイラーはその手順も指し示した．

上記の微分方程式を

$$(2ax - x^2)\left(\frac{dy}{dx}\right)^2 - 2(a - x)y\frac{dy}{dx} + c^2 - y^2 = 0$$

という形に書き，これを $\dfrac{dy}{dx}$ に関する 2 次方程式と見て解くと，式変形のの

ちに，

$$\frac{dy}{dx}=\frac{(a-x)y+\sqrt{a^2y^2-c^2(2ax-x^2)}}{2ax-x^2}$$

という表示が得られる．これを

$$(2ax-x^2)\,dy-(a-x)y\,dx=\sqrt{a^2y^2-c^2(2ax-x^2)}\,dx$$

という形に書くと，特異解の姿が見えてくる．それは，右辺の平方根内の式を0と等値して得られる方程式

$$a^2y^2-c^2(2ax-x^2)=0$$

である．x と y がこの方程式により連繫しているとき，上記の微分方程式の左辺もまた0になる．実際，この方程式から

$$y=\frac{c}{a}\sqrt{2ax-x^2}$$

が導かれる．両辺の対数をとると，

$$\log y=\log\frac{c}{a}+\frac{1}{2}\log(2ax-x^2).$$

これを微分すると，

$$\frac{dy}{y}=\frac{(a-x)\,dx}{2ax-x^2}.$$

それゆえ，

$$(2ax-x^2)\,dy-(a-x)y\,dx=0$$

となる．これで方程式 $a^2y^2-c^2(2ax-x^2)=0$ は解であることが確かめられた．

こうして得られた解は楕円の方程式

$$\frac{(x-a)^2}{a^2}+\frac{y^2}{c^2}=1$$

である．

積分して一般解を求める

等式

$$y = u\sqrt{2ax - x^2}$$

と置いて新しい変数 u を導入すると,「積分して解く」という通常の手順が進展する．これを上記の微分方程式

$$(2ax - x^2)\,dy - (a - x)y\,dx = \sqrt{a^2y^2 - c^2(2ax - x^2)}\,dx$$

に代入する．右辺の dx の係数は,

$$\sqrt{a^2y^2 - c^2(2ax - x^2)} = \sqrt{(2ax - x^2)(a^2u^2 - c^2)}.$$

また，微分を作ると,

$$dy = \sqrt{2ax - x^2}\,du + \frac{u(a - x)\,dx}{\sqrt{2ax - x^2}}.$$

これより，上記の微分方程式は

$$\begin{aligned}&(2ax - x^2)^{\frac{3}{2}}\,du + u(a - x)\sqrt{2ax - x^2}\,dx - u(a - x)\sqrt{2ax - x^2}\,dx \\ &\quad = \sqrt{(2ax - x^2)(a^2u^2 - c^2)}\,dx\end{aligned}$$

という形になる．計算を進めると，変数分離型の微分方程式

$$(2ax - x^2)\,du = \sqrt{a^2u^2 - c^2}\,dx$$

が得られる．

変数を分離すると,

$$\frac{du}{\sqrt{a^2u^2 - c^2}} = \frac{dx}{2ax - x^2}.$$

両辺に a を乗じると,

$$\frac{a\,du}{\sqrt{a^2u^2 - c^2}} = \frac{a\,dx}{2ax - x^2}$$

となる．積分すると，b を積分定数として，等式

$$\log\frac{au + \sqrt{a^2u^2 - c^2}}{b} = \frac{1}{2}\log\frac{x}{2a - x}$$

が得られる．それゆえ,

$$au+\sqrt{a^2u^2-c^2}=b\sqrt{\frac{x}{2a-x}}$$

となる．

計算を進めると，u を x を用いて表示する式

$$u=\frac{c^2\sqrt{2ax-x^2}}{2abx}+\frac{bx}{2a\sqrt{2ax-x^2}}$$

が得られるが，$y=u\sqrt{2ax-x^2}$ であるから，

$$y=\frac{c^2(2ax-x^2)}{2abx}+\frac{bx}{2a}=\frac{c^2}{b}+\frac{(b^2-c^2)x}{2ab}$$

が得られる．これは直線の方程式である．

第 3 のパラドックス

曲線の探索をめざす二つの問題（問題 4.8 と本問）において，「積分して解く」という通常の手法により一般解が求められたが，それらはいずれも直線の方程式であった．探索の対象となる曲線は円（問題 4.8）もしくは楕円（本問）であり，それらは積分計算によりえられたのではなく，特異解として現れたのである．本問の一般解は直線の方程式により与えられるが，積分して解くという通常の手法では「美しい楕円」（オイラーの言葉）は見つからない．曲線を求めようとして微分方程式を立てたにもかかわらず，円や楕円は一般解の中には見あたらず，かえって特異解として見出だされた．オイラーはここにパラドックスを感知したのである．これが第 2 のパラドックスである．

円や楕円は通常の積分の方法では得られないが，「微分して解く」という方法では，手順に沿って進めていくと円や楕円が自然に出現した．微分方程式を「微分して解くことができる」というのは，オイラーが感知した第 1 のパラドックスであった．そのパラドックスと，特異解の出現という第 2 のパラドックスは無関係ではありえないのである．

微分方程式を積分して解いて得られる方程式には不定定数が付随し，その不定定数は任意の値をとりうるのであるから，得られた方程式にはもとの微分方程式の情報がことごとくみな包摂されているように見える．一般にそのように信じられているが，実際にはそうではないことが 3 個の事例（問題 4.8，問題 4.10，問題 5.1）を通じて明らかになった．積分して得られる方程式と

もとの微分方程式は乖離していて，それほど緊密に連繫しているわけではないのである．オイラーはここに第 3 のパラドックスを見ているように思う．

このような状況観察によれば，積分して解くのは無理だが，積分しなくても解が見つかる場合もあることになる．そのような微分方程式の一例として，オイラーは微分方程式

$$a^2(a^2 - x^2)\,dy + a^2 xy\,dx = (a^2 - x^2)(y\,dx - x\,dy)\sqrt{y^2 + x^2 - a^2} \quad (a \text{ は定数})$$

を提示した．積分して解くことはできそうにないが，それにもかかわらず，この微分方程式には解が存在する．それは円の方程式

$$x^2 + y^2 = a^2$$

である．実際，$x^2+y^2 = a^2$ のとき，両辺の微分を作ると，等式 $x\,dx+y\,dy = 0$ が得られる．それゆえ，上記の微分方程式の左辺は

$$a^2(a^2 - x^2)\,dy + a^2 xy\,dx = a^2 y^2\,dy + a^2 xy\,dx = a^2 y(y\,dy + x\,dx) = 0$$

となる．積分計算を遂行することができなくても，微分方程式の解が見つかることはあるのである．

問題 5.2（リッカチの微分方程式の特異解）

$$dy + y^2\,dx - \frac{a\,dx}{x^4} = 0 \quad (a \text{ は定数，} a \neq 0)$$

【解答】

乗法子の分母に注目する

問題 3.8 で $m = -4$ の場合のリッカチの微分方程式の一般解が見出されたが，この微分方程式にはもうひとつの解が存在する．一般解は，提示された方程式に乗法子

$$M = \frac{x^2}{x^2(1 - xy)^2 - a}$$

を乗じることによって得られたが，分母が 0 になる場合，すなわち等式

$$x^2(1-xy)^2 - a = 0$$

が成立する場合にはこの乗法子は無意味になってしまう．だが，この等式はそれ自体，提示された微分方程式のひとつの解である．実際，この等式から，

$$y = \frac{1}{x} \pm \frac{\sqrt{a}}{x^2}$$

という表示が取り出される（ここで，$\sqrt{a}$ は「自乗すると a になる」二つの数のうちのどちらか一方を表すことにする）．このとき，

$$dy = \left(-\frac{1}{x^2} \mp \frac{2\sqrt{a}}{x^3}\right) dx.$$

これらを提示された微分方程式代入して計算を進めると，

$$\begin{aligned} dy + y^2\,dx - \frac{a\,dx}{x^4} &= \left(-\frac{1}{x^2} \mp \frac{2\sqrt{a}}{x^3} + \left(\frac{1}{x} \pm \frac{\sqrt{a}}{x^2}\right)^2 - \frac{a}{x^4}\right) dx \\ &= \cdots = 0 \end{aligned}$$

となる．

これで提示された微分方程式の解

$$y = \frac{1}{x} \pm \frac{\sqrt{a}}{x^2}$$

が見出だされた（図 5.2）．$a < 0$ の場合には**虚の解**である．

特異解

これらの解は一般解に包摂されない．言い換えると，一般解において定数 C をどのように選んでも，この解は得られない．このような解には**特異解**という呼称が相応しい．

問題 5.3

$$dy = \sqrt{y}\,dx$$

【解答】

一般解

ここに提示された微分方程式は変数分離型である．変数を分離すると，

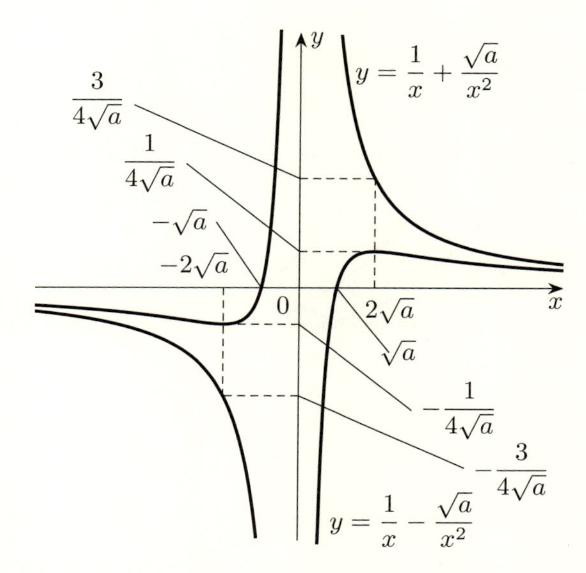

図 5.2　$x^2(1-xy)^2 = a$. $a > 0$ の場合のグラフ．$\sqrt{a}$ は「自乗すると a になる」二つの数のうち，正の数を表す．

$$\frac{dy}{\sqrt{y}} = dx$$

となる．両辺の積分を作ると，$-C$ を積分定数として，等式

$$2\sqrt{y} = x - C$$

が得られる．これより，

$$y = \frac{1}{4}(x-C)^2$$

となる．これが提示された微分方程式の一般解である．(x, y) 平面上にグラフを描くと一群の放物線が描かれる（図 5.3）．

特異解

提示された微分方程式の変数を分離する際に，「$\sqrt{y}$ で割る」という操作を行った．そこで $\sqrt{y} = 0$ の場合，言い換えると等式 $y = 0$ を考えると，これ自身もまたひとつの解である．実際，この場合には y は定数であるから $dy = 0$

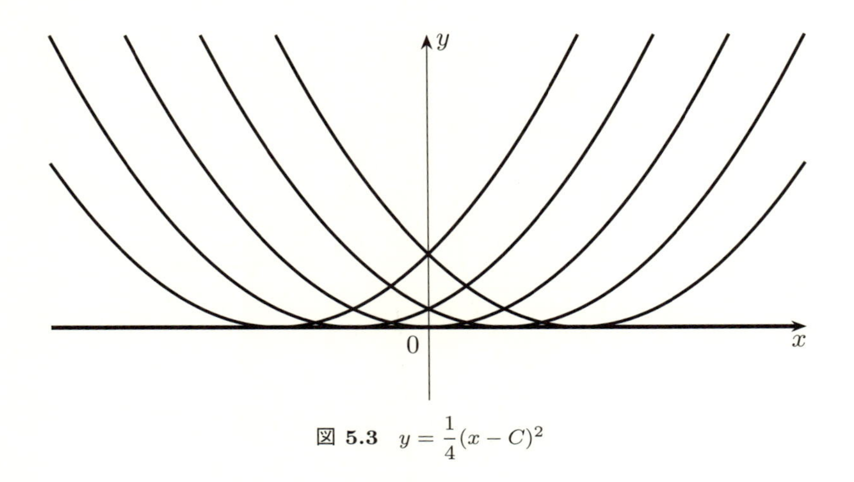

図 **5.3**　$y = \frac{1}{4}(x - C)^2$

であり，提示された微分方程式が満たされる．一般解における定数 C にどのような数値を代入してもこの解は得られないから，$y = 0$ は特異解である．

解 $y = 0$ は直線の方程式であり，その直線は x 軸と合致する．

一般解と特異解の関係

一般解が表す放物線

$$y = \frac{1}{4}(x - C)^2$$

は，どれもみな特異解の表す直線 $y = 0$，すなわち x 軸に点 $(C, 0)$ において接する．

問題 5.4

$$ay\,dy - ax\,dx = \sqrt{y^2 - x^2}\,dx$$

【解答】

一般解

提示された微分方程式の両辺を $\sqrt{y^2 - x^2}$ で割ると，

$$a\frac{dy - dx}{\sqrt{y^2 - x^2}} = dx$$

という形になる．左辺に見られる微分式

$$\omega = \frac{a\,dy - a\,dx}{\sqrt{y^2 - x^2}}$$

は関数

$$z = a\sqrt{y^2 - x^2}$$

の全微分であり，等式

$$dz = \omega$$

が成立する．それゆえ，提示された微分方程式は

$$dz = dx$$

という形になる．両辺の積分を作ると，積分定数を C として，等式

$$z = x + C,$$

すなわち

$$a\sqrt{y^2 - x^2} = x + C$$

が得られる．これが提示された微分方程式の一般解である．

特異解

提示された微分方程式の両辺を $\sqrt{y^2 - x^2}$ で割ることにより一般解が求められたが，これを 0 と等値して得られる二つの等式

$$y = x, \quad y = -x$$

もまた解である．しかも一般解における定数 C をどのように定めても得られない解であるから，特異解である．

第 6 章
階数 2 の微分方程式

二つの変化量の間の 2 階微分方程式

変化量 p, q を導入する

1 階微分方程式を解く際に新たな変化量 $p = \dfrac{dy}{dx}$ を導入したが，2 階微分方程式の場合には，これに加えてさらにもうひとつの変化量

$$q = \frac{dp}{dx}$$

を導入する．このように定めるとき，x と y **の間の 2 階微分方程式**というのは，**4 個の変化量** x, y, p, q **の間の関係式**のことである．ここで，オイラーがいつもそうしているように，「dx は定量」という前提を設定する．

独立変数

提示された微分方程式の解法にあたり，オイラーは変化量 x に対して「dx は定量」という限定を課した．微分 dx は無限小の変化量であるから，この限定条件のもとで dx は無限小の定数であり，その微分，すなわち $d(dx)$ は 0 となる．$d(dx)$ は変化量 x の 2 階微分であり，オイラーはこれを d^2x と表記した．d^2y についても同様で，これは変化量 y の 2 階微分を表す記号である．

dx が定量，したがって等式

$$d^2x = 0$$

が成立する場合，今日の語法ではこのような変化量には「独立変数」という言葉が該当する．

dx が定量，したがって $d^2x = 0$ となる場合には，等式 $dy = p\,dx$ の両辺

の微分を作ると，ライプニッツの公式により

$$d^2y = d(p\,dx) = dpdx + p\,d^2x = dpdx$$

と計算が進む．そこで p と q を x, y を用いて表記すると，まず $dy = p\,dx$ より

$$p = \frac{dy}{dx}$$

となる．次に，$d^2y = dpdx$ より，

$$q = \frac{dp}{dx} = \frac{\frac{d^2y}{dx}}{dx} = \frac{d^2y}{dx^2}$$

となる．それゆえ，dx は定量という前提のもとでは，x と y の間の2階微分方程式とは，$x, y, \dfrac{dy}{dx}, \dfrac{d^2y}{dx^2}$ **の間の関係式**のことにほかならない．x, y, dx, d^2y の間のある特定の形の関係式といっても同じことになるが，そのような関係式が提示されたとき，それを生成する力を備えた x と y の関係式を指して，2階微分方程式の解と呼んでいる．

問題 6.1

$$a\,d^2y = dxdy \quad (a \text{ は定数})$$

【解答】

提示された微分方程式を p, q を用いて表示する

　提示された微分方程式を dx^2 で割ると，

$$a\frac{d^2y}{dx^2} = \frac{dy}{dx}$$

という形になる．これを p, q を用いて表記すると，

$$aq = p$$

という簡明な形になる．両辺の微分を作ると，

$$a\,dq = dp.$$

$dp = q\,dx$ と合わせると，等式

$$dx = \frac{dp}{q} = \frac{a\,dp}{p}$$

が得られる．これは二つの変数 x, p の間の 1 階常微分方程式であり，すでに変数が分離されている．そこで両辺の積分を作ると，C を積分定数として，x を p を用いて表示する等式

$$x = C + a \log p$$

が得られる．

また，$dy = p\,dx$ より，

$$dy = p\,dx = a\,dp.$$

これより，D はもうひとつの積分定数として，

$$y = D + ap$$

という表示が生じる．ここから $p = \dfrac{y - D}{a}$ が導かれるが，これを $x = C + a \log p$ に代入すると，x と y を連繫する等式

$$x = C + a \log \frac{y - D}{a}$$

が得られる．これが提示された微分方程式の解である．

問題 6.2

$$\frac{(dx^2 + dy^2)\sqrt{dx^2 + dy^2}}{-dxd^2y} = a$$

【解答】

p, q による表示に変換する

x は独立変数とする．提示された微分方程式の左辺は円の曲率を表す微分式である．これを

$$\omega = \frac{(dx^2 + dy^2)\sqrt{dx^2 + dy^2}}{-dxd^2y}$$

と置く．分母と分子を dx^3 で割ると，ω は

$$\omega = -\frac{\left(1+\left(\frac{dy}{dx}\right)^2\right)\sqrt{1+\left(\frac{dy}{dx}\right)^2}}{\frac{d^2y}{dx^2}} = -\frac{(1+p^2)\sqrt{1+p^2}}{q} = -\frac{(1+p^2)^{\frac{3}{2}}}{q}$$

と表示される．$q = \dfrac{dp}{dx}$ より，

$$\omega = -\frac{(1+p^2)^{\frac{3}{2}}\,dx}{dp}.$$

それゆえ，提示された微分方程式 $\omega = a$ は

$$-\frac{(1+p^2)^{\frac{3}{2}}\,dx}{dp} = a$$

となる．これより

$$dx = -\frac{a\,dp}{(1+p^2)^{\frac{3}{2}}}.$$

$dy = p\,dx$ より，

$$dy = -\frac{ap\,dp}{(1+p^2)^{\frac{3}{2}}}$$

となり，dy もまた p を用いて表示された．

微分方程式を解く

x と p に関する微分方程式を解くと，A を積分定数として，

$$x = A - \frac{ap}{\sqrt{1+p^2}}.$$

同様にして，B をもうひとつの定数として，y もまた p を用いて

$$y = B + \frac{a\,dp}{\sqrt{1+p^2}}$$

と表示される．

x と y が p を媒介にして連繋されたが，もう少し計算を進めて p を消去すると，等式

$$(x-A)^2 + (y-B)^2 = a^2$$

が得られる．これが提示された微分方程式の解である（図 6.1）．

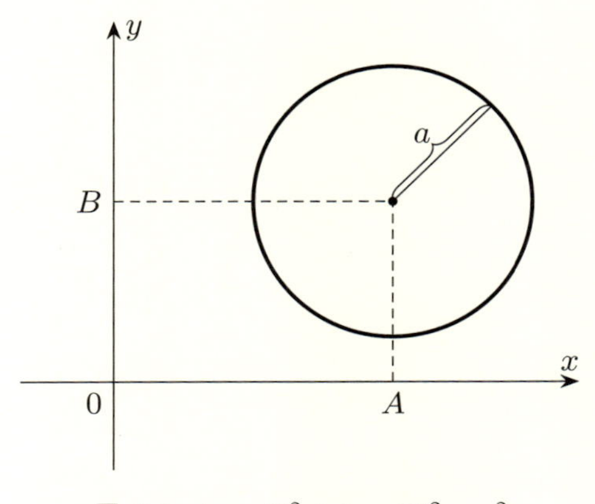

図 6.1　$(x-A)^2+(y-B)^2=a^2$

問題 6.3

$$\frac{dsdy}{d^2x}=\frac{a\,dx}{dy}\quad (ds=\sqrt{dx^2+dy^2}\text{ は定数})$$

【解答】

独立変数 s

この問題では，オイラーは x ではなく s を独立変数と限定した．これを言い換えると，「ds は定数」ということであり，等式 $d^2s=0$ が成立する．ds を p と dx を用いて表すと，

$$ds=\sqrt{1+p^2}\,dx.$$

2 階微分 d^2s を計算して 0 と等値すると，

$$d^2s=\sqrt{1+p^2}\,d^2x+\frac{p\,dxdp}{\sqrt{1+p^2}}=0.$$

これより，等式

$$d^2x=-\frac{p\,dxdp}{1+p^2}$$

が得られる．他方，提示された微分方程式より，

$$d^2x = \frac{dsdy^2}{a\,dx}.$$

これらを等値すると，

$$\frac{dsdy^2}{a\,dx} = -\frac{p\,dxdp}{1+p^2}$$

となる．

微分方程式を作る

$ds = \sqrt{1+p^2}\,dx$, $dy = p\,dx$ を代入すると，

$$\frac{\sqrt{1+p^2}\,dx}{a} \times \frac{(p\,dx)^2}{dx} = -\frac{p\,dxdp}{1+p^2}.$$

これより，

$$dx = -\frac{a\,dp}{p(1+p^2)^{\frac{3}{2}}}$$

となる．

$p = \dfrac{1}{r}$ と置いて計算を続けると，$dp = -\dfrac{dr}{r^2}$ より，x と r を連繫する微分方程式

$$dx = -\frac{a \times \frac{-dr}{r^2}}{\frac{1}{r}\left(1+\frac{1}{r^2}\right)^{\frac{3}{2}}} = \frac{ar^2\,dr}{(1+r^2)^{\frac{3}{2}}}$$

が得られる．また，$dy = p\,dx = \dfrac{dx}{r}$ より，y と r を連繫する微分方程式

$$dy = \frac{ar\,dr}{(1+r^2)^{\frac{3}{2}}}$$

も手に入る．

微分方程式を解く

x と r を連繫する微分方程式を，

$$dx = \frac{ar^2\,dr}{(1+r^2)^{\frac{3}{2}}} = \frac{a\,dr}{\sqrt{1+r^2}} - \frac{a\,dr}{(1+r^2)^{\frac{3}{2}}}$$

と変形し，そののちに積分計算を遂行すると，C を積分定数として，x の r による表示式

$$x = C - \frac{ar}{\sqrt{1+r^2}} + a\log\left(r + \sqrt{1+r^2}\right)$$

が得られる．$r = \dfrac{1}{p}$ を代入すると，

$$x = C - \frac{a}{\sqrt{1+p^2}} + a\log\frac{1+\sqrt{1+p^2}}{p}$$

となる．

同様に計算を進めると，D を積分定数として，y の p による表示式

$$y = D - \frac{ap}{\sqrt{1+p^2}}$$

が得られる．これで x と y が変数 p を媒介として連繫された．これが提示された微分方程式の解である．

問題 6.4

$$d^2y = \alpha x^n\,dx^2 \quad (n\text{ は整数})$$

【解答】

dp と dx の関係を求める

x は独立変数とする．提示された微分方程式に $d^2y = dpdx = q\,dx^2$ を代入すると，$q\,dx^2 = \alpha x^n\,dx^2$．それゆえ，

$$q = \alpha x^n$$

となる．両辺に dx を乗じると，$q\,dx = \alpha x^n\,dx$．$q\,dx = dp$ であるから，等式

$$dp = \alpha x^n\,dx$$

が得られる．これは二つの変化量 x, p を連繫する 1 階微分方程式であり，しかも変数分離型である．

$n = -1$ のとき

この場合，微分方程式は

$$dp = \frac{\alpha\, dx}{x}$$

という形になる．これより，C を積分定数として，

$$p = \alpha \log x + C.$$

両辺に dx を乗じると，$dy = p\, dx$ より，

$$dy = \alpha \log x\, dx + C\, dx$$

となる．これは x と y を連繋する1階微分方程式である．ここで，

$$\int \log x\, dx = x \log x - x.$$

これを用いて両辺の積分を作ると，D を積分定数として，等式

$$y = \alpha(x \log x - x) + Cx + D$$

が得られる．これが提示された微分方程式の一般解である．

定数 $C - \alpha$ をあらためて C と表記すると，

$$y = \alpha x \log x + Cx + D$$

ときれいな形になる．1階微分方程式の一般解には1個の不定定数が伴うが，2階微分方程式の場合には2個の不定定数が出現する．2階微分方程式の解法は二つの1階微分方程式の解法に帰着され，1階微分方程式を解くたびにひとつずつ不定定数が現れるのである．

$n = -2$ のとき

この場合，提示された微分方程式は

$$d^2y = \frac{\alpha\, dx^2}{x^2}$$

という形になる．$d^2y = dpdx$ を代入すると，$dpdx = \dfrac{\alpha\, dx^2}{x^2}$．両辺を dx で割ると，x と p を連繋する1階微分方程式

$$dp = \frac{\alpha\, dx}{x^2}$$

が得られる．両辺の積分を作ると，C を積分定数として，

$$p = -\frac{\alpha}{x} + C$$

となる．両辺に dx を乗じると，$p\,dx = dy$ より

$$dy = -\frac{\alpha\,dx}{x} + C\,dx.$$

両辺の積分を作ると，D を積分定数として，等式

$$y = -\alpha \log x + Cx + D$$

が生じる．これが提示された微分方程式の一般解である．

$n \neq -1, -2$ の場合

p と x を結ぶ微分方程式

$$dp = \alpha x^n\,dx$$

において，$n \neq -1$ であることに留意して両辺の積分を作ると，C を積分定数として，

$$p = \frac{\alpha x^{n+1}}{n+1} + C$$

となる．両辺に dx を乗じると，$p\,dx = dy$ より，

$$dy = \frac{\alpha x^{n+1}\,dx}{n+1} + C\,dx.$$

$n \neq -2$ であることに留意して両辺の積分を作ると，D を積分定数として，等式

$$y = \frac{\alpha x^{n+2}}{(n+1)(n+2)} + Cx + D$$

が得られる．これが提示された微分方程式の一般解である．

問題 6.5

$$a^2\,d^2y = y\,dx^2$$

【解答】

$2\,dy$ を乗じる

x は独立変数として解を探索する．この場合，dx は定数であり，等式 $d^2x=0$ が成立する．

提示された微分方程式の両辺に $2\,dy$ を乗じると，

$$2a^2\,dyd^2y = 2y\,dydx^2$$

となる．このような形に変形しておくと，両辺の積分が可能になる．実際，

$$d(dy^2) = 2\,dyd^2y$$

であるから，左辺の積分は

$$\int 2a^2\,dyd^2y = a^2\,dy^2$$

と算出される．

階数1の微分方程式への還元

右辺の積分は部分積分により算出される．u は等式

$$du = 2y\,dy$$

を満たす等式とすると，C は定数として，

$$u = y^2 + C$$

という形になる．また，$v = dx^2$ と置く．

このような状況のもとで部分積分を遂行すると，

$$\int 2y\,dydx^2 = \int (du)v = uv - \int u\,dv = (y^2+C)\,dx^2 - \int u\,dv$$

と計算が進む．ここで，x は独立変数であるから $d^2x=0$．よって，

$$dv = d(dx^2) = 2\,dxd^2x = 0.$$

それゆえ，

$$\int 2y\,dydx^2 = (y^2 + C)\,dx^2.$$

よって，

$$a^2\,dy^2 = (y^2 + C)\,dx^2.$$

これより

$$dx = \frac{a\,dy}{\sqrt{y^2 + C}}$$

が導かれる．これは x と y を連繋する変数分離型の 1 階微分方程式である．

還元された微分方程式を解く

積分定数を $-\log b$ と表記して，

$$\int \frac{dy}{\sqrt{y^2 + C}} = \log\left(y + \sqrt{y^2 + C}\right) - \log b$$

と計算が進む．これより，

$$x = a\log\left(y + \sqrt{y^2 + C}\right) - a\log b = a\log\frac{y + \sqrt{y^2 + C}}{b}.$$

よって，

$$be^{\frac{x}{a}} = y + \sqrt{y^2 + C}$$

となる．

$be^{\frac{x}{a}} - y = \sqrt{y^2 + C}$ と書いて両辺を自乗すると，

$$b^2e^{\frac{2x}{a}} - 2bye^{\frac{x}{a}} = C.$$

これより等式

$$y = \frac{C}{2b}e^{-\frac{x}{a}} - \frac{b}{2}e^{\frac{x}{a}}$$

が得られる．これが提示された微分方程式の解である．

定数 $\dfrac{C}{2b}$ をあらためて C と書き，$-\dfrac{b}{2}$ を D と書くと，

$$y = Ce^{-\frac{x}{a}} + De^{\frac{x}{a}}$$

ときれいな形になる（図 6.2）．

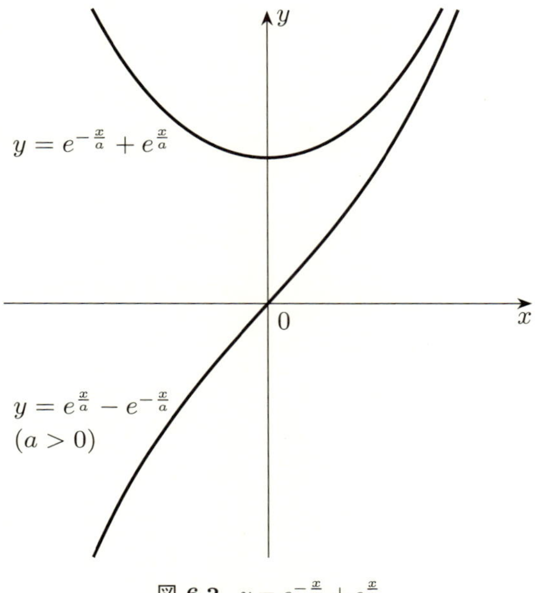

図 6.2　$y = e^{-\frac{x}{a}} \pm e^{\frac{x}{a}}$

問題 6.6

$$a^2\, d^2y + y\, dx^2 = 0 \quad (a \text{ は定数}，a \neq 0)$$

【解答】

$2\,dy$ を乗じる

この問題でも x は独立変数とする．前問とよく似ているが，二つの項を結ぶ符号のみ異なっている．解法の手順は同様で，まず $2\,dy$ を乗じると，

$$2a^2\, dyd^2y + 2y\, dydx^2 = 0.$$

前問と同様に，

$$\int 2a^2\, dyd^2y = a^2\, dy^2.$$

また，積分定数を $-C^2$ と表記すると，

$$\int 2y\, dydx^2 = (y^2 - C^2)\, dx^2$$

となる．それゆえ，

$$a^2\,dy^2 + (y^2 - C^2)\,dx^2 = 0.$$

これより

$$dx = \frac{a\,dy}{\sqrt{C^2 - y^2}}$$

が導かれる．

積分 $\displaystyle\int \frac{a\,dy}{\sqrt{C^2 - y^2}}$ の計算

積分

$$\int \frac{a\,dy}{\sqrt{C^2 - y^2}}$$

は逆正弦関数を用いて表示される．実際，$y = C\sin\theta$ と置くと，

$$\int \frac{a\,dy}{\sqrt{C^2 - y^2}} = \int \frac{aC\cos\theta\,d\theta}{C\cos\theta} = \int a\,d\theta = a\theta = a\arcsin\frac{y}{C}$$

となる．

微分方程式 $dx = \dfrac{a\,dy}{\sqrt{C^2 - y^2}}$ の両辺の積分を作ると，b を積分定数として，等式

$$x = a\arcsin\frac{y}{C} + b$$

が得られる．これより，

$$\frac{y}{C} = \sin\frac{x-b}{a} = \cos\frac{b}{a}\sin\frac{x}{a} - \sin\frac{b}{a}\cos\frac{x}{a}$$

が導かれる．これが提示された微分方程式の解である．定数 $C\cos\dfrac{b}{a}$ をあらためて C と書き，$-C\sin\dfrac{b}{a}$ を D と書くと，

$$y = C\sin\frac{x}{a} + D\cos\frac{x}{a}$$

ときれいな形になる．

問題 6.7

$$\sqrt{ay}\,d^2y = dx^2 \quad (a \text{ は定数})$$

【解答】

$2\,dy$ を乗じる

ここでもまた x は独立変数とする．提示された微分方程式の両辺に $2\,dy$ を乗じて $\sqrt{ay}$ で割ると，

$$2\,dyd^2y = \frac{2\,dydx^2}{\sqrt{ay}}$$

という形になる．左辺の微分式の積分は

$$\int 2\,dyd^2y = dy^2.$$

右辺の微分式の積分は部分積分により算出される．u は等式

$$du = \frac{2\,dy}{\sqrt{ay}}$$

を満たす変数とすると，積分定数を $4n$ と表記して，

$$u = \frac{4\sqrt{y}}{\sqrt{a}} + 4n$$

という形になる．また，$v = dx^2$ と置く．x は独立変化量であるから dx は定数であり，$d^2x = 0$ となる．よって，$dv = 2\,dxd^2x = 0$．それゆえ，部分積分により，

$$\int \frac{2\,dydx^2}{\sqrt{ay}} = \int (du)v = uv - \int u\,dv = uv = \left(\frac{4\sqrt{y}}{\sqrt{a}} + 4n\right)dx^2.$$

これより

$$dy^2 = \frac{4(\sqrt{y} + n\sqrt{a})}{\sqrt{a}}\,dx^2$$

が得られ，ここから変数分離型の 1 階微分方程式

$$2\,dx = \frac{\sqrt[4]{a}\,dy}{\sqrt{\sqrt{y} + n\sqrt{a}}}$$

が導かれる．

変数分離型の 1 階微分方程式を解く

提示された微分方程式は階数 1 の変数分離型の微分方程式に還元された．

右辺の微分式

$$\omega = \frac{\sqrt[4]{a}\,dy}{\sqrt{\sqrt{y}+n\sqrt{a}}}$$

において，まず定数 $n\sqrt{a}$ をあらためて b と表記する．また，$\sqrt{y}=z$ と置いて新たな変数 z を導入する．$y=z^2$ より，$dy=2z\,dz$．解くべき微分方程式は x と z の間の微分方程式に変換されて，

$$2\,dx = \frac{\sqrt{\frac{b}{n}}\times 2z\,dz}{\sqrt{z+b}}$$

という形になる．これより

$$\frac{\sqrt{n}\,dx}{\sqrt{b}} = \frac{z\,dz}{\sqrt{z+b}}.$$

右辺の微分式の積分は次のように算出される．

$$\int \frac{z\,dz}{\sqrt{z+b}} = \int \left(\sqrt{z+b} - \frac{b}{\sqrt{z+b}}\right) dz$$
$$= \frac{2}{3}(z+b)^{\frac{3}{2}} - 2b\sqrt{z+b} = \frac{2}{3}(z-2b)\sqrt{b+z}.$$

したがって，上記の x と z 間の微分方程式の積分は，C を積分定数として，

$$\frac{\sqrt{n}x}{\sqrt{b}} = \frac{2}{3}(z-2b)\sqrt{b+z}+C$$

となる．

この等式において $b=n\sqrt{a}$, $z=\sqrt{y}$ を代入すると，

$$\frac{x}{\sqrt[4]{a}} = \frac{2}{3}(\sqrt{y}-2n\sqrt{a})\sqrt{n\sqrt{a}+\sqrt{y}}+C.$$

よって，

$$\frac{3(x-C\sqrt[4]{a})}{2\sqrt[4]{a}} = \left(\sqrt{y}-2n\sqrt{a}\right)\sqrt{n\sqrt{a}+\sqrt{y}}$$

となる．これが提示された微分方程式の解である．

形を整える

このようにして得られた解には二つの不定定数 n, C が入っているが，まず

$$C = -\frac{f}{\sqrt[4]{a}}$$

と置いて C の代わりに不定定数 f を採用し，$n\sqrt{a}$ を新たに $\sqrt{c}$ と定めると，上記の解は

$$\frac{3(x+f)}{2\sqrt[4]{a}} = (\sqrt{y} - 2\sqrt{c})\sqrt{\sqrt{y} + \sqrt{c}}$$

という形になる．両辺の自乗を作り，形を整えると，

$$\frac{9(x+f)^2}{4\sqrt{a}} = y\sqrt{y} - 3y\sqrt{c} + 4c\sqrt{c}$$

となる．オイラーは提示された微分方程式の解をこのように書き表した．

問題 6.8

$$d^2y(y\,dy + a\,dx) = (dx^2 + dy^2)\,dy \quad (a \text{ は定数．} a \neq 0)$$

【解答】

y と p の微分方程式に変換する

ここでもまた x は独立変化量とする．したがって，$d^2x = 0$．このとき，

$$dy = p\,dx, \quad dp = q\,dx, \quad d^2y = dpdx = q\,dx^2$$

となる．これらを提示された微分方程式に代入すると，

$$q\,dx^2(yp\,dx + a\,dx) = p\,dx(dx^2 + p^2\,dx^2).$$

dx^3 で割ると，

$$q(py + a) = p(1 + p^2)$$

という簡明な形になる．$q = \dfrac{p(1+p^2)}{py + a}$ となり，q は p と y を用いて表示される．

$q = \dfrac{dp}{dx}$ を代入して両辺に dx を乗じると，$dp(py + a) = p\,dx(1 + p^2)$．$p\,dx = dy$ より，

$$dp(py + a) = dy(1 + p^2).$$

これより等式

$$dy - \frac{py\,dp}{1+p^2} = \frac{a\,dp}{1+p^2}$$

が導かれる．ここでさらに両辺を $\sqrt{1+p^2}$ で割ると，三つの微分式の間に成立する等式

$$\frac{dy}{\sqrt{1+p^2}} - \frac{py\,dp}{(1+p^2)^{\frac{3}{2}}} = \frac{a\,dp}{(1+p^2)^{\frac{3}{2}}}$$

が得られる．この等式の両辺を積分する．

微分式の積分

部分積分を適用して計算する．まず，

$$\begin{aligned}\int \frac{dy}{\sqrt{1+p^2}} &= \frac{y}{\sqrt{1+p^2}} - \int y\,d\left(\frac{1}{\sqrt{1+p^2}}\right) \\ &= \frac{y}{\sqrt{1+p^2}} + \int \frac{py\,dp}{(1+p^2)^{\frac{3}{2}}}.\end{aligned}$$

よって，

$$\int \frac{dy}{\sqrt{1+p^2}} - \int \frac{py\,dp}{(1+p^2)^{\frac{3}{2}}} = \frac{y}{\sqrt{1+p^2}}.$$

また，

$$d\left(\frac{p}{\sqrt{1+p^2}}\right) = \frac{dp}{(1+p^2)^{\frac{3}{2}}}$$

であるから，

$$\int \frac{a\,dp}{(1+p^2)^{\frac{3}{2}}} = \frac{ap}{\sqrt{1+p^2}}$$

となる．

ここまでの積分計算を集めると，b を積分定数として，等式

$$\frac{y}{\sqrt{1+p^2}} = \frac{ap}{\sqrt{1+p^2}} + b$$

が成立する．これより y を p を用いて表示する式

$$y = ap + b\sqrt{1+p^2}$$

が得られる．

y の微分 dy を計算すると，

$$dy = \left(a + \frac{bp}{\sqrt{1+p^2}}\right) dp.$$

$dx = \dfrac{dy}{p}$ より，c を積分定数として，

$$\begin{aligned} x &= \int \frac{dy}{p} = \int \left(\frac{a}{p} + \frac{b}{\sqrt{1+p^2}}\right) dp \\ &= a \log p + b \log \left(p + \sqrt{1+p^2}\right) + c \end{aligned}$$

と計算が進み，x もまた p を用いて表示された．x と y が変数 p を媒介して連繋され，提示された微分方程式はこれで解けたのである．

$b = 0$ のとき

この場合，

$$y = ap, \quad x = a \log p + c.$$

p を消去すると，

$$x = a \log \frac{y}{a} + c$$

となる．もう少し計算を進めると，

$$\frac{y}{a} = e^{\frac{x-c}{a}}.$$

よって，

$$y = ae^{-\frac{c}{a}} e^{\frac{x}{a}}.$$

定数 $ae^{-\frac{c}{a}}$ をあらためて c と表記すると，

$$y = ce^{\frac{x}{a}}$$

となる．これは提示された微分方程式のひとつの解である．

$b = a$ のとき

この場合，

$$\frac{y}{a} = p + \sqrt{1+p^2}$$

となる．これより

$$p = \frac{y^2 - a^2}{2ay}.$$

よって，

$$x = a\left(\log \frac{y^2 - a^2}{2ay} + \log \frac{y}{a}\right) + c = a \log \frac{y^2 - a^2}{2a^2} + c$$

となる．これより，

$$e^{\frac{x-c}{a}} = \frac{y^2 - a^2}{2a^2}.$$

それゆえ，

$$y^2 = a^2 + 2a^2 e^{-\frac{c}{a}} e^{\frac{x}{a}}$$

となる．定数 $2a^2 e^{-\frac{c}{a}}$ をあらためて c と書けば，

$$y^2 = a^2 + ce^{\frac{x}{a}}$$

となる．これもまた提示された微分方程式の解のひとつである．

問題 6.9

$$\frac{dsdy}{d^2x} = a \arctan \frac{dy}{dx} \quad (a \text{ は定数．} ds = \sqrt{dx^2 + dy^2})$$

【解答】

x と y を p を用いて表示する

s は独立変数，言い換えると ds は定数として解を探索する．$ds = \sqrt{dx^2 + dy^2} = \sqrt{1 + p^2}\, dx$ と表されるが，ds は定数であるから，$d^2 s = 0$．それゆえ，

$$d^2 s = \sqrt{1 + p^2}\, d^2 x + \frac{p\, dxdp}{\sqrt{1 + p^2}} = 0.$$

これより等式

$$d^2 x = -\frac{p\, dxdp}{1 + p^2}$$

が生じる．

$ds = \sqrt{1 + p^2}\, dx$, $dy = p\, dx$, $d^2 x = -\dfrac{p\, dxdp}{1 + p^2}$ を提示された微分方程式に代入すると，

$$\sqrt{1+p^2}\,dx \times p\,dx \times \frac{-(1+p^2)}{p\,dxdp} = a \arctan p$$

となる．これより，x と p を連繫する階数 1 の微分方程式

$$dx = -\frac{a\,dp}{(1+p^2)^{\frac{3}{2}}} \arctan p$$

が導かれる．また，$dy = p\,dx$ より，y と p を連繫する階数 1 の微分方程式

$$dy = -\frac{ap\,dp}{(1+p^2)^{\frac{3}{2}}} \arctan p$$

も得られる．

積分の計算

上記の 1 階微分方程式を積分すれば，x と y が p を用いて表示される．微分計算により

$$d(\arctan p) = \frac{dp}{1+p^2}, \quad d\left(\frac{p}{\sqrt{1+p^2}}\right) = \frac{dp}{(1+p^2)^{\frac{3}{2}}}$$

となることを踏まえて部分積分を実行する．C と D を積分定数として，

$$\begin{aligned}
x &= -\int \frac{a\,dp}{(1+p^2)^{\frac{3}{2}}} \arctan p = +\int d\left(\frac{-ap}{\sqrt{1+p^2}}\right) \arctan p \\
&= -\frac{ap}{\sqrt{1+p^2}} \arctan p + \int \frac{ap}{\sqrt{1+p^2}}\, d(\arctan p) \\
&= -\frac{ap}{\sqrt{1+p^2}} \arctan p + \int \frac{ap}{\sqrt{1+p^2}} \times \frac{dp}{1+p^2} \\
&= -\frac{ap}{\sqrt{1+p^2}} \arctan p + \int \frac{ap\,dp}{\sqrt{(1+p^2)^{\frac{3}{2}}}} \\
&= C - \frac{ap}{\sqrt{1+p^2}} \arctan p - \frac{a}{\sqrt{1+p^2}}
\end{aligned}$$

$$
\begin{aligned}
y &= -\int \frac{ap\,dp}{(1+p^2)^{\frac{3}{2}}} \arctan p = \int d\left(\frac{a}{\sqrt{1+p^2}}\right) \arctan p \\
&= \frac{a}{\sqrt{1+p^2}} \arctan p - \int \frac{a}{\sqrt{1+p^2}}\, d(\arctan p) \\
&= \frac{a}{\sqrt{1+p^2}} \arctan p - \int \frac{a}{\sqrt{1+p^2}} \times \frac{dp}{1+p^2} \\
&= \frac{a}{\sqrt{1+p^2}} \arctan p - \int \frac{a\,dp}{(1+p^2)^{\frac{3}{2}}} \\
&= D + \frac{a}{\sqrt{1+p^2}} \arctan p - \frac{ap}{\sqrt{1+p^2}}
\end{aligned}
$$

と計算が進む.

計算の結果を再現すると次のとおり.

$$
\begin{aligned}
x &= C - \frac{a}{\sqrt{1+p^2}} - \frac{ap}{\sqrt{1+p^2}} \arctan p \\
y &= D - \frac{ap}{\sqrt{1+p^2}} + \frac{a}{\sqrt{1+p^2}} \arctan p
\end{aligned}
$$

これが提示された微分方程式の解である.

第 II 部

偏微分方程式

第1章 全微分方程式（3変数の場合）

全微分方程式

偏微分方程式の解法において，オイラーがまずはじめに取り上げたのは全微分方程式である．オイラーとともに3個の変化量の場合を考えることにして，P, Q, R は3個の変化量 x, y, z の関数とする．このとき，**全微分方程式**というのは，

$$P\,dx + Q\,dy + R\,dz = 0$$

という形の微分方程式のことである．ドイツの数学者ヨハン・フリードリヒ・パフ（1765年–1825年）の名にちなんで**パフの微分方程式**とも呼ばれている．

変数が2個の場合に全微分方程式を書くと，P, Q は2個の変数 x, y の関数として

$$P\,dx + Q\,dy = 0$$

という形になるが，これは偏微分方程式ではなく，1階常微分方程式である．一般に，常微分方程式と偏微分方程式を分けるのは微分方程式に関わっている変数の個数である．変数の個数が2個なら常微分方程式，変数の個数が2個をこえているなら，その微分方程式は偏微分方程式である．

パフの微分方程式 $P\,dx + Q\,dy + R\,dz = 0$ において，3個の変数 x, y, z のうちのどれかひとつ，たとえば z を他の二つの変数 x, y の関数と見るという視点に立ってみよう．パフの微分方程式を

$$dz = -\frac{P}{R}\,dx - \frac{Q}{R}\,dy$$

という形に表すと，これは関数 z の全微分を表示する等式にほかならず，dx,

dy の係数 $-\frac{P}{R}, -\frac{Q}{R}$ はそれぞれ z の x および y に関する偏導関数である．すなわち，二つの等式

$$\frac{\partial z}{\partial x} = -\frac{P}{R}, \quad \frac{\partial z}{\partial y} = -\frac{Q}{R}$$

が成立する．これは 1 階連立偏微分方程式である．

全微分方程式の可解条件

パフの微分方程式 $P\,dx + Q\,dy + R\,dz = 0$ の解というのは，3 個の変数 x, y, z を連繫する方程式

$$F(x, y, z) = 0$$

で，左辺の微分 dF を 0 と等値して得られる微分方程式 $dF = 0$ が提示された微分方程式と同等になるもののことである．解は関数ではなく方程式であることに，くれぐれも留意したいと思う．

可解条件を考えていくために，今，パフの微分方程式 $P\,dx+Q\,dy+R\,dz = 0$ の解 $F(x, y, z) = 0$ が存在したとしてみよう．この方程式を微分すると，微分方程式

$$dF = \frac{\partial F}{\partial x}\,dx + \frac{\partial F}{\partial y}\,dy + \frac{\partial F}{\partial z}\,dz = 0$$

が生じる．これは提示された微分方程式と同等であるから，ある同一の関数 $\lambda(x, y, z)$ が見つかって，

$$\frac{\partial F}{\partial x} = \lambda P, \quad \frac{\partial F}{\partial y} = \lambda Q, \quad \frac{\partial F}{\partial z} = \lambda R$$

となる．ここで，等式

$$\frac{\partial^2 F}{\partial x \partial y} = \frac{\partial^2 F}{\partial y \partial x}, \quad \frac{\partial^2 F}{\partial y \partial z} = \frac{\partial^2 F}{\partial z \partial y}, \quad \frac{\partial^2 F}{\partial z \partial x} = \frac{\partial^2 F}{\partial x \partial z}$$

が成立する．これより，

$$\frac{\partial}{\partial x}(\lambda Q) = \frac{\partial}{\partial y}(\lambda P), \quad \frac{\partial}{\partial y}(\lambda R) = \frac{\partial}{\partial z}(\lambda Q), \quad \frac{\partial}{\partial z}(\lambda P) = \frac{\partial}{\partial x}(\lambda R).$$

計算を進めると，

$$Q\frac{\partial \lambda}{\partial x} + \lambda\frac{\partial Q}{\partial x} = P\frac{\partial \lambda}{\partial y} + \lambda\frac{\partial P}{\partial y},$$

$$R\frac{\partial\lambda}{\partial y}+\lambda\frac{\partial R}{\partial y}=Q\frac{\partial\lambda}{\partial z}+\lambda\frac{\partial Q}{\partial z},$$
$$P\frac{\partial\lambda}{\partial z}+\lambda\frac{\partial P}{\partial z}=R\frac{\partial\lambda}{\partial x}+\lambda\frac{\partial R}{\partial x}.$$

これより等式

$$\lambda\left(\frac{\partial P}{\partial y}-\frac{\partial Q}{\partial x}\right)=Q\frac{\partial\lambda}{\partial x}-P\frac{\partial\lambda}{\partial y},$$
$$\lambda\left(\frac{\partial Q}{\partial z}-\frac{\partial R}{\partial y}\right)=R\frac{\partial\lambda}{\partial y}-Q\frac{\partial\lambda}{\partial z},$$
$$\lambda\left(\frac{\partial R}{\partial x}-\frac{\partial P}{\partial z}\right)=P\frac{\partial\lambda}{\partial z}-R\frac{\partial\lambda}{\partial x}$$

が得られる．そこで，

$$\frac{\partial Q}{\partial z}-\frac{\partial R}{\partial y}=L,\quad \frac{\partial R}{\partial x}-\frac{\partial P}{\partial z}=M,\quad \frac{\partial P}{\partial y}-\frac{\partial Q}{\partial x}=N$$

とおくと，

$$\lambda N=Q\frac{\partial\lambda}{\partial x}-P\frac{\partial\lambda}{\partial y},\quad \lambda L=R\frac{\partial\lambda}{\partial y}-Q\frac{\partial\lambda}{\partial z},\quad \lambda M=P\frac{\partial\lambda}{\partial z}-R\frac{\partial\lambda}{\partial x}.$$

これらの三つの等式の両辺にそれぞれ R,P,Q を乗じて加えると，等式

$$\lambda(LP+MQ+NR)=0$$

が生じる．これより，

$$LP+MQ+NR=0$$

となる．これは提示されたパフの微分方程式 $P\,dx+Q\,dy+R\,dz=0$ が解けるための必要条件である．

問題 1.1（解をもたない微分方程式）

$$z\,dx+x\,dy+y\,dz=0$$

【解答】

解をもたないことの確認 (1) 一般的な判定基準を適用する

パフの方程式の一般形 $P\,dx+Q\,dy+R\,dz=0$ と比較すると，

$$P = z, \quad Q = x, \quad R = y$$

であるから，

$$L = -1, \quad M = -1, \quad N = -1.$$

それゆえ，

$$LP + MQ + NR = -z - x - y.$$

これは0ではないから，提示された微分方程式は解をもたない．

解をもたないことの確認 (2) 定数変化法が行き詰まる様子を観察する

定数変化法を適用して，「解けないこと」を確認してみよう．z を定数と見ると，$dz = 0$．よって，提示された方程式は

$$z\,dx + x\,dy = 0$$

という形になる．これは変数分離型である．変数を分離すると，

$$\frac{z\,dx}{x} + dy = 0.$$

これより，

$$z \log x + y = C(z)$$

となる．それゆえ，

$$y = C(z) - z \log x.$$

右辺の $C(z)$ は定数である．

定数変化法を適用する．z を変数，$C(z)$ を z の関数と見て適切に定めることにより，提示された微分方程式が満たされるようにする．

$$dC(z) = D(z)\,dz$$

とおく．微分 dy を作ると，

$$dy = D(z)\,dz - (\log x)\,dz - \frac{z\,dx}{x}.$$

それゆえ，

$$z\,dx + x\,dy + (x \log x - D(z)x)\,dz = 0$$

となる．提示された方程式と係数を比較すると，

$$y = x \log x - D(z)x$$

とならなければならないが，等式

$$D(z) = \log x - \frac{y}{x}$$

により，$D(z)$ は x, y の関数であることになり，不合理な状況に直面する．これで，提示された微分方程式は解をもたないことが明らかになった．

問題 1.2

$$2(y+z)\,dx + (x+3y+2z)\,dy + (x+y)\,dz = 0$$

【解答】

解が存在することを確認する

この場合，

$$P = 2(y+z), \quad Q = x+3y+2z, \quad R = x+y.$$

それゆえ，

$$L = 2-1 = 1, \quad M = 1-2 = -1, \quad N = 2-1 = 1$$

となるから，等式

$$\begin{aligned} LP + MQ + NR &= P - Q + R \\ &= 2(y+z) - (x+3y+2z) + (x+y) = 0 \end{aligned}$$

が成立する．それゆえ，提示された微分方程式には解が存在する可能性がある．

定数変化法の適用

前問のように定数変化法を適用して一般解の探索を試みる．y を定数と見ると，$dy = 0$．これより 2 個の変数 x, y に対する変数分離型の微分方程式

$$2(y+z)\,dx + (x+y)\,dz = 0$$

が生じる．変数を分離すると，

$$\frac{2\,dx}{x+y}+\frac{dz}{y+z}=0.$$

ここから等式

$$2\log(x+y)+\log(y+z)=C(y)$$

が導かれる．$C(y)$ は定数だが，以下，これを y の関数と見る．

$dC(y)=D(y)\,dy$ とおき，上記の等式を微分すると，

$$\frac{2(dx+dy)}{x+y}+\frac{dy+dz}{y+z}=D(y)\,dy.$$

これより，

$$2(y+z)(dx+dy)+(x+y)(dy+dz)=D(y)(x+y)(y+z)\,dy.$$

式の変形を進めると，

$$2(y+z)\,dx+(x+3y+2z)\,dy+(x+y)\,dz=D(y)(x+y)(y+z)\,dy$$

という形になる．これを提示された微分方程式と比較すると，$D(y)=0$．よって $dC(y)=0$ となるから，$C(y)$ は定数である．

等式 $2\log(x+y)+\log(y+z)=C(y)$ より $(x+y)^2(y+z)=e^{C(y)}$．右辺の $e^{C(y)}$ は定数であるから，これをあらためて C とおくと，提示された微分方程式の一般解

$$(x+y)^2(y+z)=C$$

が生じる．この解には1個の不定定数が含まれている．

問題 1.3

$$(y+z)\,dx+(x+z)\,dy+(x+y)\,dz=0$$

【解答】

解の存在の確認

パフの方程式の一般形 $P\,dx+Q\,dy+R\,dz=0$ と比較すると，

$$P=y+z,\quad Q=x+z,\quad R=x+y.$$

よって，

$$L = 1 - 1 = 0, \quad M = 1 - 1 = 0, \quad N = 1 - 1 = 0$$

となるから，$LP + MQ + NR = 0$ となり，解が存在する可能性がある．

定数変化法の適用

z を定数と見ると $dz = 0$．それゆえ，提示された微分方程式は

$$(y + z)\,dx + (x + z)\,dy = 0$$

という形になる．これは変数分離型である．そこで変数を分離すると，

$$\frac{dx}{x + z} + \frac{dy}{y + z} = 0.$$

両辺の積分を作ると，

$$\log(x + z) + \log(y + z) = C(z)$$

となる．ここで $C(z)$ は x と y に依存しない定数である．これより等式

$$(x + z)(y + z) = e^{C(z)}$$

が生じるが，右辺の $e^{C(z)}$ をあらためて $Z(z)$ と表記すると，

$$(x + z)(y + z) = Z(z)$$

となる．

ここで $Z(z)$ を z の関数と見て微分計算を適用すると，

$$(dx + dz)(y + z) + (x + z)(dy + dz) = dZ.$$

変形すると，

$$(y + z)\,dx + (x + z)\,dy + (x + y + 2z)\,dz = dZ.$$

それゆえ，$Z(z)$ は微分方程式

$$2z\,dz = dZ$$

を満たさなければならない．

これを解くと，C は定数として，

$$Z = z^2 + C.$$

これより 3 個の変数 x, y, z を連繋する方程式

$$(x+z)(y+z) = z^2 + C$$

が得られる．もう少し計算を進めると，

$$xy + yz + zx = C$$

ときれいな形になる．これが提示された微分方程式の一般解である．ここには 1 個の定数 C が入っている．

問題 1.4

$$(y^2 + yz + z^2)\,dx + (z^2 + xz + x^2)\,dy + (x^2 + xy + y^2)\,dz = 0$$

【解答】

解が存在することを確認する

パフの方程式の一般形 $P\,dx + Q\,dy + R\,dz = 0$ と比較すると，

$$P = y^2 + yz + z^2, \quad Q = z^2 + xz + x^2, \quad R = x^2 + xy + y^2$$

であるから，

$$\begin{aligned} L &= (2z + x) - (x + 2y) = 2z - 2y, \\ M &= (2x + y) - (y + 2z) = 2x - 2z, \\ N &= (2y + z) - (z + 2x) = 2y - 2x \end{aligned}$$

となる．それゆえ，

$$\begin{aligned} LP + MQ + NR &= (2z - 2y)(y^2 + yz + z^2) \\ &\quad + (2x - 2z)(z^2 + xz + x^2) \\ &\quad + (2y - 2x)(x^2 + xy + y^2) \\ &= 2(z^3 - y^3) + 2(x^3 - z^3) + 2(y^3 - x^3) = 0 \end{aligned}$$

となるから，提示された微分方程式は解をもつ可能性がある．

定数変化法の適用

まず z は定数とすると $dz = 0$ であるから，提示された微分方程式は，

$$(y^2 + yz + z^2)\,dx + (z^2 + xz + x^2)\,dy = 0$$

という変数分離型の方程式に変換される．変数を分離すると，

$$\frac{dx}{z^2 + xz + x^2} + \frac{dy}{y^2 + yz + z^2} = 0$$

という形になる．

積分 $\displaystyle\int \frac{dx}{z^2 + xz + x^2}$ の計算

上記の微分方程式の解を求めるために，オイラーの手順に沿って積分

$$\int \frac{dx}{z^2 + xz + x^2}$$

を計算する．オイラーにならって式変形を遂行すると，

$$\int \frac{dx}{z^2 + xz + x^2} = \int \frac{4\,dx}{(2z + x)^2 + 3x^2} = \int \frac{4}{(2z + x)^2} \cdot \frac{dx}{1 + \left(\frac{x\sqrt{3}}{2z+x}\right)^2}$$

という形になる．そこで変数を変換して

$$u = \frac{x\sqrt{3}}{2z + x}$$

と置くと，

$$du = \sqrt{3}\left(\frac{1}{2z + x} - \frac{x}{(2z + x)^2}\right) dx = \frac{2z\sqrt{3}}{(2z + x)^2}\,dx.$$

よって，

$$\frac{dx}{(2z + x)^2} = \frac{du}{2z\sqrt{3}}.$$

これらの計算結果を集めると，

$$\begin{aligned}\int \frac{dx}{z^2 + xz + x^2} &= \int \frac{4}{1 + u^2}\frac{du}{2z\sqrt{3}} = \frac{2}{z\sqrt{3}} \int \frac{du}{1 + u^2} \\ &= \frac{2}{z\sqrt{3}} \arctan u = \frac{2}{z\sqrt{3}} \arctan \frac{x\sqrt{3}}{2z + x}\end{aligned}$$

と計算が進行する．

同様に，

$$\int \frac{dy}{y^2+yz+z^2} = \frac{2}{z\sqrt{3}} \arctan \frac{y\sqrt{3}}{2z+y}.$$

そこで，二つの角 α, β を

$$\alpha = \arctan \frac{x\sqrt{3}}{2z+x}, \quad \beta = \arctan \frac{y\sqrt{3}}{2z+y}$$

と置いて定めると，積分の和は

$$\int \frac{dx}{z^2+xz+x^2} + \int \frac{dy}{y^2+yz+z^2} = \frac{2}{z\sqrt{3}}(\alpha+\beta)$$

と表示される．これを $\varphi(z)$ と等値すると，

$$\alpha+\beta = \frac{z\sqrt{3}}{2}\varphi(z)$$

となる．

正接の加法定理

正接の加法定理により $\tan(\alpha+\beta)$ を計算する．

$$\tan\alpha = \frac{x\sqrt{3}}{2z+x}, \quad \tan\beta = \frac{y\sqrt{3}}{2z+y}.$$

$$\begin{aligned}
\tan\frac{z\sqrt{3}}{2}\varphi(z) = \tan(\alpha+\beta) &= \frac{\tan\alpha+\tan\beta}{1-\tan\alpha\tan\beta} \\
&= \frac{\frac{x\sqrt{3}}{2z+x}+\frac{y\sqrt{3}}{2z+y}}{1-\frac{x\sqrt{3}}{2z+x}\cdot\frac{y\sqrt{3}}{2z+y}} = \frac{\sqrt{3}\{x(2z+y)+y(2z+x)\}}{(2z+x)(2z+y)-3xy} \\
&= \frac{\sqrt{3}(xz+yz+xy)}{2z^2+xz+yz-xy}.
\end{aligned}$$

ここで

$$Z = \frac{xz+yz+xy}{2z^2+xz+yz-xy}$$

とおくと，

$$\tan\frac{z\sqrt{3}}{2}\varphi(z) = Z\sqrt{3}.$$

これより

$$\varphi(z) = \frac{2}{z\sqrt{3}} \arctan(Z\sqrt{3})$$

となる．それゆえ，

$$\alpha + \beta = \arctan(Z\sqrt{3}).$$

これで z を定数と見たときの x, y, z の関係が明らかになった．

z を変数と見る

続いて z を変数と見て，提示された微分方程式が満たされるようにすることになるが，オイラーは関数 Z の形を見て Z は z のみの関数であることを洞察した．

微分 dZ を計算する．

$$\begin{aligned}
dZ = &\frac{1}{(2z^2 + xz + yz - xy)^2} \\
&\quad \times \{(z\,dx + x\,dz + z\,dy + y\,dz + y\,dx + x\,dy)(2z^2 + xz + yz - xy) \\
&\qquad - (xz + yz + xy) \\
&\qquad\quad \times (4z\,dz + z\,dx + x\,dz + z\,dy + y\,dz - y\,dx - x\,dy)\} \\
= &\frac{1}{(2z^2 + xz + yz - xy)^2}(A\,dx + B\,dy + C\,dz)
\end{aligned}$$

係数 A, B, C を算出する．

$$\begin{aligned}
A &= (z + y)(2z^2 + xz + yz - xy) - (xz + yz + xy)(z - y) \\
&= 2z^3 + (x + y + 2y - (x + y))z^2 \\
&\quad + (-xy + (x + y)y - xy + (x + y)y)z - xy^2 + xy^2 \\
&= 2z^3 + 2yz^2 + 2y^2z = 2z(y^2 + yz + z^2) = 2zP
\end{aligned}$$

$$\begin{aligned}
B &= (z + x)(2z^2 + xz + yz - xy) - (xz + yz + xy)(z - x) \\
&= 2z^3 + (x + y + 2x - (x + y))z^2 \\
&\quad + (-xy + (x + y)x - xy + (x + y)x)z - x^2y + x^2y \\
&= 2z^3 + 2xz^2 + 2x^2z = 2z(z^2 + xz + x^2) = 2zQ
\end{aligned}$$

$$\begin{aligned}
C &= (x+y)(2z^2+xz+yz-xy)-(xz+yz+xy)(4z+x+y) \\
&= (2(x+y)-4(x+y))z^2 \\
&\quad + ((x+y)^2-(x+y)^2-4xy)z + (-(x+y)xy - xy(x+y)) \\
&= -2(x+y)z^2 - 4xyz - 2xy(x+y) \\
&= -2x(z^2+yz+y^2) - 2y(z^2+xz+x^2) \\
&= -2xP - 2yQ
\end{aligned}$$

よって，

$$\begin{aligned}
dZ &= \frac{1}{(2z^2+xz+yz-xy)^2}(2zP\,dx + 2zQ\,dy - 2xP\,dz - 2yQ\,dz) \\
&= \frac{1}{(2z^2+xz+yz-xy)^2}(2z(P\,dx+Q\,dy) - 2xP\,dz - 2yQ\,dz) \\
&= \frac{1}{(2z^2+xz+yz-xy)^2}(-2zR\,dz - 2xP\,dz - 2yQ\,dz)
\end{aligned}$$

（提示された微分方程式 $P\,dx+Q\,dy+R\,dz=0$ により $P\,dx+Q\,dy=-R\,dz$）

$$= -\frac{2}{(2z^2+xz+yz-xy)^2}(zR+xP+yQ)\,dz$$

ここで，

$$\begin{aligned}
zR+xP+yQ &= z(x^2+xy+y^2) + x(y^2+yz+z^2) + y(z^2+xz+x^2) \\
&= (x+y+z)(xy+yz+zx)
\end{aligned}$$

これらの計算を合せると，

$$dZ = -\frac{2(x+y+z)(xy+yz+zx)}{(2z^2+xz+yz-xy)^2}\,dz = -\frac{2Z^2(x+y+z)}{xy+yz+zx}\,dz.$$

これより，

$$-\frac{dZ}{Z^2} = \frac{2(x+y+z)}{xy+yz+zx}\,dz$$

となる．したがって $\dfrac{xy+yz+zx}{x+y+z}$ は z のみの関数でなければならないことになる．これを Σ と置くと，微分方程式

$$-\frac{dZ}{Z^2} = \frac{2\,dz}{\Sigma}$$

が生じる.

関数 Σ は Z の形を見れば判明する. 実際,

$$1 + Z = \frac{2z^2 + 2xz + 2yz}{2z^2 + xz + yz - xy}$$

となるから,

$$\frac{1+Z}{Z} = \frac{2z(x+y+z)}{xy + xz + yz}.$$

よって,

$$\Sigma = \frac{2zZ}{1+Z}$$

となる.

関数 Z の決定

関数 Z は z のみの関数であり, しかも変数分離型の微分方程式

$$-\frac{dZ}{Z^2} = \frac{1+Z}{Z}\frac{dz}{z}$$

を満たすことが明らかになった. 変数を分離すると,

$$-\frac{dZ}{Z(1+Z)} = \frac{dz}{z}.$$

これを

$$\left(-\frac{1}{Z} + \frac{1}{1+Z}\right) dZ = \frac{dz}{z}$$

と変形し, 積分すると, a は定数として

$$-\log Z + \log(1+Z) + \log a = \log z$$

となる. これより

$$\log\frac{1+Z}{Z} = \log\frac{z}{a}.$$

よって,

$$\frac{1+Z}{Z} = \frac{z}{a}.$$

ここから z の関数 Z を表示する式

$$Z = \frac{a}{z-a}$$

が導かれる．

微分方程式の解法の続き

関数 Z の形状が確定したので，これを

$$Z = \frac{xy + xz + yz}{2z^2 + xz + yz - xy}$$

に代入して計算を進めると，等式

$$z(xy + xz + yz) = 2az(x + y + z)$$

が生じる．定数 $2a$ をあらためて C とおくと，x, y, z を連繫する方程式

$$\frac{xy + xz + yz}{x + y + z} = C$$

が得られる．これが提示された微分方程式の一般解である．

第2章

2変数関数の探求

この章の問題では，提示された微分方程式を満たす x, y の関数 z の探索が課されている．

問題 2.1

$$\frac{\partial^2 z}{\partial x^2} = \frac{xy}{a}$$

【解答】

1 階常微分方程式への還元

2 階の偏微分方程式だが，$v = \dfrac{\partial z}{\partial x}$ と置くと，提示された微分方程式は

$$\frac{\partial v}{\partial x} = \frac{xy}{a}$$

という形になる．y を定数とみなすと，これは 1 階常微分方程式

$$dv = \frac{xy\,dx}{a}$$

と同等である．両辺の積分を作ると，$f(y)$ は y のみの関数として，

$$v = \frac{\partial z}{\partial x} = \int \frac{xy}{a}\,dx = \frac{x^2 y}{2a} + f(y)$$

となるが，これは

$$dz = \frac{x^2 y\,dx}{2a} + f(y)\,dx$$

と同等である．両辺の積分を作ると，$F(y)$ は y のみの関数として，

$$z = \frac{x^3 y}{6a} + x f(y) + F(y)$$

という形になる．これが提示された微分方程式の一般解である．

問題 2.2

$$\frac{\partial^2 z}{\partial x^2} = \frac{2nx}{x^2+y^2}\frac{\partial z}{\partial x} + \frac{x}{ay}$$

【解答】

1 階常微分方程式への還元

この微分方程式の場合にも，$v = \dfrac{\partial z}{\partial x}$ と置くのが有効な手段である．このように置くと，提示された微分方程式は

$$\frac{\partial v}{\partial x} = \frac{2nxv}{x^2+y^2} + \frac{x}{ay}$$

という形になる．y を定数と見ると，これは 1 階常微分方程式

$$dv = \frac{2nxv\,dx}{x^2+y^2} + \frac{x\,dx}{ay}$$

と同等である．両辺を $(x^2+y^2)^n$ で割ると，

$$\frac{dv}{(x^2+y^2)^n} = \frac{2nxv\,dx}{(x^2+y^2)^{n+1}} + \frac{x\,dx}{ay(x^2+y^2)^n}.$$

すなわち，

$$\frac{dv}{(x^2+y^2)^n} - \frac{2nxv\,dx}{(x^2+y^2)^{n+1}} = \frac{x\,dx}{ay(x^2+y^2)^n}$$

という形になるが，左辺は

$$d\left(\frac{v}{(x^2+y^2)^n}\right) = \frac{dv}{(x^2+y^2)^n} - \frac{2nxv\,dx}{(x^2+y^2)^{n+1}}$$

により，有理式 $\dfrac{v}{(x^2+y^2)^n}$ の微分である．それゆえ，提示された微分方程式は

$$d\left(\frac{v}{(x^2+y^2)^n}\right) = \frac{x\,dx}{ay(x^2+y^2)^n}$$

となる．

$n \neq 1$ の場合

両辺の積分を作ると，$f(y)$ は y のみの関数として，等式

$$\frac{v}{(x^2+y^2)^n} = \frac{1}{ay}\int \frac{x\,dx}{(x^2+y^2)^n} = -\frac{1}{2(n-1)ay(x^2+y^2)^{n-1}} + f(y)$$

が得られる．それゆえ，

$$v = \frac{\partial z}{\partial x} = -\frac{x^2+y^2}{2(n-1)ay} + (x^2+y^2)^n f(y).$$

これより，$F(y)$ は y の関数として，求める関数 z は

$$z = -\frac{x(x^2+3y^2)}{6(n-1)ay} + f(y)\int (x^2+y^2)^n\,dx + F(y)$$

と表示される．

$n = 1$ の場合

この場合，提示された微分方程式は

$$\frac{\partial^2 z}{\partial x^2} = \frac{2x}{x^2+y^2}\frac{\partial z}{\partial x} + \frac{x}{ay}$$

という形になる．変化量 v を導入すると，

$$\frac{\partial v}{\partial x} = \frac{2xv}{x^2+y^2} + \frac{x}{ay}$$

と表記される．

y を定数と見て，v の微分を作ると，

$$dv = \frac{2xv\,dx}{x^2+y^2} + \frac{x\,dx}{ay}.$$

両辺を x^2+y^2 で割ると，

$$\frac{dv}{x^2+y^2} = \frac{2xv\,dx}{(x^2+y^2)^2} + \frac{x\,dx}{ay(x^2+y^2)}$$

という形になるが，等式

$$d\left(\frac{v}{x^2+y^2}\right) = \frac{dv}{x^2+y^2} - \frac{2xv\,dx}{(x^2+y^2)^2}$$

により，

$$d\left(\frac{v}{x^2+y^2}\right)=\frac{x\,dx}{ay(x^2+y^2)}$$

という形になる．両辺の積分を作ると，$f(y)$ は y の関数として，

$$\frac{v}{x^2+y^2}=\frac{1}{ay}\int\frac{x\,dx}{x^2+y^2}=\frac{1}{2ay}\log(x^2+y^2)+f(y).$$

これより，

$$v=\frac{\partial z}{\partial x}=\frac{x^2+y^2}{2ay}\log(x^2+y^2)+(x^2+y^2)f(y)$$

となる．この等式を積分すれば，関数 z の表示式が得られる．

積分 $\int\frac{x^2+y^2}{2ay}\log(x^2+y^2)\,dx$ の計算

部分積分により計算する．微分計算により，等式

$$\begin{aligned}&d\left(\frac{1}{2ay}\left(\frac{x^3}{3}+xy^2\right)\log(x^2+y^2)\right)\\&\quad=\frac{1}{2ay}(x^2+y^2)\log(x^2+y^2)+\frac{1}{2ay}\left(\frac{x^3}{3}+xy^2\right)\frac{2x}{x^2+y^2}\end{aligned}$$

が得られる．これより，

$$\begin{aligned}&\int\frac{1}{2ay}(x^2+y^2)\log(x^2+y^2)\,dx\\&\quad=\frac{1}{2ay}\left(\frac{x^3}{3}+xy^2\right)\log(x^2+y^2)-\frac{1}{2ay}\int\left(\frac{x^3}{3}+xy^2\right)\frac{2x\,dx}{x^2+y^2}.\end{aligned}$$

ここで，

$$\begin{aligned}\frac{1}{2ay}\int\left(\frac{x^3}{3}+xy^2\right)\frac{2x\,dx}{x^2+y^2}&=\frac{1}{3ay}\int\frac{x^4+3x^2y^2}{x^2+y^2}\,dx\\&=\frac{1}{3ay}\int\frac{(x^2+y^2)^2+(x^2+y^2)y^2-2y^4}{x^2+y^2}\,dx\\&=\frac{1}{3ay}\int\left(x^2+2y^2-\frac{2y^4}{x^2+y^2}\right)dx\\&=\frac{1}{3ay}\left(\frac{x^3}{3}+2xy^2\right)-\frac{2y^3}{3a}\int\frac{dx}{x^2+y^2}\\&=\frac{x^3+6xy^2}{9ay}-\frac{2y^3}{3a}\times\frac{1}{y}\times\arctan\frac{x}{y}\\&=\frac{1}{9ay}\left(x^3+6xy^2-6y^3\arctan\frac{x}{y}\right).\end{aligned}$$

計算を進めると，

$$\int \frac{1}{2ay}(x^2+y^2)\log(x^2+y^2)\,dx$$
$$=\frac{1}{2ay}\left(\frac{x^3}{3}+xy^2\right)\log(x^2+y^2)-\frac{1}{9ay}\left(x^3+6xy^2-6y^3\arctan\frac{x}{y}\right).$$

これより，$F(y)$ は y の関数として，関数 z の表示式

$$z=\frac{x(x^2+3y^2)\log(x^2+y^2)}{6ay}$$
$$-\frac{1}{9ay}\left(x^3+6xy^2-6y^3\arctan\frac{x}{y}\right)+\frac{1}{3}x(x^2+3y^2)f(y)+F(y)$$

が得られる．これが提示された偏微分方程式の一般解である．

問題 2.3

$$\frac{\partial^2 z}{\partial x\partial y}=\frac{y}{x^2+y^2}\frac{\partial z}{\partial x}+\frac{a}{x^2+y^2}$$

【解答】

1 階常微分方程式への還元

$v=\dfrac{\partial z}{\partial x}$ と置くと，提示された偏微分方程式は

$$\frac{\partial v}{\partial y}=\frac{vy}{x^2+y^2}+\frac{a}{x^2+y^2}$$

という形になる．x を定量と見ると，これは 1 階常微分方程式

$$dv=\frac{vy\,dy}{x^2+y^2}+\frac{a\,dy}{x^2+y^2}$$

とみなされる．両辺を $\sqrt{x^2+y^2}$ で割ると，

$$\frac{dv}{\sqrt{x^2+y^2}}=\frac{vy\,dy}{(x^2+y^2)\sqrt{x^2+y^2}}+\frac{a\,dy}{(x^2+y^2)\sqrt{x^2+y^2}}$$

という形になる．ここで，

$$d\left(\frac{v}{\sqrt{x^2+y^2}}\right)=\frac{dv}{\sqrt{x^2+y^2}}-\frac{vy\,dy}{(x^2+y^2)\sqrt{x^2+y^2}}.$$

それゆえ，解くべき微分方程式は

$$d\left(\frac{v}{\sqrt{x^2+y^2}}\right)=\frac{a\,dy}{(x^2+y^2)\sqrt{x^2+y^2}}$$

となる．両辺の積分を作ると，$f(x)$ は x の関数として，

$$\frac{v}{\sqrt{x^2+y^2}}=\int\frac{a\,dy}{(x^2+y^2)\sqrt{x^2+y^2}}+f(x)=\frac{ay}{x^2\sqrt{x^2+y^2}}+f(x)$$

と計算が進む．これより，

$$v=\frac{\partial z}{\partial x}=\frac{ay}{x^2}+\sqrt{x^2+y^2}\,f(x).$$

これを積分すると，$F(y)$ は y の関数として，z の表示式

$$z=-\frac{ay}{x}+\int\sqrt{x^2+y^2}\,f(x)\,dx+F(y)$$

が得られる．これが提示された偏微分方程式の一般解である．

問題 2.4

$$\frac{\partial z}{\partial x}\frac{\partial z}{\partial y}=1$$

【解答】

一般公式

2個の変数 x, y の関数 z の微分を

$$dz=p\,dx+q\,dy$$

と表記する．p, q はそれぞれ x, y に関する z の1階偏導関数であり，

$$p=\frac{\partial z}{\partial x},\quad q=\frac{\partial z}{\partial y}$$

と表記される．dz の表示式を

$$\begin{aligned}dz&=(x\,dp+p\,dx)+(y\,dq+q\,dy)-(x\,dp+y\,dq)\\&=d(px)+d(qy)-(x\,dp+y\,dq)\\&=d(px+qy)-(x\,dp+y\,dq)\end{aligned}$$

と変形し，両辺を積分すると，一般公式

$$z = px + qy - \int (x\,dp + y\,dq)$$

が得られる．以下の計算ではこの公式を使って式変形を行う．

一般解

提示された偏微分方程式は

$$pq = 1$$

という形に表される．これより，

$$q = \frac{1}{p}.$$

両辺の微分を作ると，

$$dq = -\frac{dp}{p^2}.$$

よって，一般公式により，等式

$$z = px + \frac{y}{p} - \int \left(x - \frac{y}{p^2} \right) dp$$

が成立する．それゆえ，

$$\int \left(x - \frac{y}{p^2} \right) dp$$

は p のみの関数でなければならない．これを $f(p)$ で表し，$f'(p)$ は等式

$$df(p) = f'(p)\,dp$$

により定められる関数とすると，等式

$$x - \frac{y}{p^2} = f'(p)$$

が生じる．これより

$$x = \frac{y}{p^2} + f'(p)$$

となる．これを z の表示式に代入すると，

$$z = px + \frac{y}{p} - f(p) = \frac{2y}{p} + pf'(p) - f(p)$$

となる．これで x と z がどちらも y と p を用いて表された．ここからパラメータ p を消去すれば x, y, z を連繋する方程式が生じる．それが提示された微分方程式の一般解である．この解にはパラメータ p だけではなく p の関数も出現し，解の任意性は非常に高い．

特別の解 (1)

$f(p)$ が定数の場合にはもっとも簡明な状況が現れる．その定数を C とすると，x, z は p を用いて

$$x = \frac{y}{p^2}, \quad z = \frac{2y}{p} - C$$

と表示される．ここから p を消去すると，方程式

$$(z + C)^2 = 4xy$$

が生じる．これは提示された微分方程式の特別の解である．ここには 1 個の不定定数 C が入っているから，微分方程式を満たす一群の関数が得られたのである．

特別の解 (2)

今度は

$$f(p) = p$$

の場合を考えてみよう．このとき，

$$x = \frac{y}{p^2} + 1, \quad z = \frac{2y}{p} + p - p = \frac{2y}{p}.$$

p を消去すると，方程式

$$z^2 = 4y(x - 1)$$

が生じる．これもまた提示された微分方程式の解である．

問題 2.5

$$\left(\frac{\partial z}{\partial x}\right)^2 + \left(\frac{\partial z}{\partial y}\right)^2 = 1$$

【解答】

一般解

提示された偏微分方程式は

$$p^2+q^2=1$$

と表示される．これより，

$$q=\sqrt{1-p^2}.$$

両辺の微分を作ると，

$$dq=-\frac{p\,dp}{\sqrt{1-p^2}}$$

となり，微分 dq が微分 dp を用いて表される．これを一般公式（前問 2.4 参照）に代入すると，関数 z は p,x,y を用いて

$$\begin{aligned} z &= px+qy-\int(x\,dp+y\,dq) \\ &= px+y\sqrt{1-p^2}-\int\left(x-\frac{py}{\sqrt{1-p^2}}\right)dp \end{aligned}$$

と表示される．それゆえ，積分

$$\int\left(x-\frac{py}{\sqrt{1-p^2}}\right)dp$$

は p のみの関数でなければならない．これを $f(p)$ と置くと，二つの方程式

$$\begin{aligned} z &= px+y\sqrt{1-p^2}-f(p) \\ x &= \frac{py}{\sqrt{1-p^2}}+f'(p) \end{aligned}$$

が生じる．ここで，$f'(p)$ は等式

$$df(p)=f'(p)\,dp$$

により定められる関数である．これで x は p と y を用いて表された．これを z の表示式に代入すると，z もまた p と y を用いて表される．ここから p を消去すれば x,y,z の相互依存関係を明示する方程式が生じる．それが提示さ

れた微分方程式の解である．

特別の解

一般解には関数 $f(p)$ が介在し，そのために任意性の度合いが極度に高まっているが，$f(p)=0$ と設定するときわめて簡明な状況が現れる．この場合，

$$x = \frac{py}{\sqrt{1-p^2}}.$$

これより

$$p^2 = \frac{x^2}{x^2+y^2}.$$

よって，

$$p = \frac{x}{\sqrt{x^2+y^2}}.$$

また，

$$\sqrt{1-p^2} = \sqrt{1-\frac{x^2}{x^2+y^2}} = \frac{y}{\sqrt{x^2+y^2}}.$$

これらを z の表示式に代入すると，関数

$$z = px + y\sqrt{1-p^2} = \frac{x^2}{\sqrt{x^2+y^2}} + \frac{y^2}{\sqrt{x^2+y^2}} = \sqrt{x^2+y^2}$$

が得られる．これは提示された微分方程式のひとつの特別の解である．

問題 2.6

$$\left(\frac{\partial z}{\partial x}\right)^3 + x^3 = 3\left(\frac{\partial z}{\partial x}\right)\left(\frac{\partial z}{\partial y}\right)x$$

【解答】

ライプニッツの公式と部分積分

計算を始める前に**ライプニッツの公式**と**部分積分**を確認しておく．二つの変化量 φ, ψ に対し，積の微分を与える等式

$$d(\varphi\psi) = \varphi\, d\psi + \psi\, d\varphi$$

が成立する．これがライプニッツの公式である．

両辺の積分を作ると，等式

$$\int \varphi \, d\psi = \varphi\psi - \int \psi \, d\varphi$$

が生じる．これが部分積分である．

もうひとつの等式

また，もうひとつの等式

$$z = qy + \int (p \, dx - y \, dq)$$

に留意する．これは，

$$dz = p \, dx + q \, dy = (y \, dq + q \, dy) + p \, dx - y \, dq = d(qy) + p \, dx - y \, dq$$

と変形して，両辺を積分することにより得られる．

変数 $u = \dfrac{p}{x}$ の導入

$p = ux$ と置き，提示された微分方程式 $p^3 + x^3 = 3pqx$ に代入すると，

$$x^3(1 + u^3) = 3qux^2.$$

これより，

$$x = \frac{3qu}{1 + u^3}, \quad p = \frac{3qu^2}{1 + u^3}$$

が得られる．これで x と p がいずれも q, u を用いて表された．

微分 dx を計算すると，

$$\begin{aligned} dx &= 3q \left(\frac{1}{1 + u^3} - \frac{3u^3}{(1 + u^3)^2} \right) du + \frac{3u}{1 + u^3} \, dq \\ &= \frac{3q(1 - 2u^3)}{(1 + u^3)^2} \, du + \frac{3u}{1 + u^3} \, dq. \end{aligned}$$

これを等式

$$z = qy + \int (p \, dx - y \, dq)$$

に代入すると，

$$z = qy + \int \left\{ \frac{3qu^2}{1+u^3} \left(\frac{3q(1-2u^3)}{(1+u^3)^2}\,du + \frac{3u}{1+u^3}\,dq \right) - y\,dq \right\}$$
$$= qy + \int \left\{ \frac{9q^2u^2(1-2u^3)}{(1+u^3)^3}\,du + \frac{9qu^3}{(1+u^3)^2}\,dq - y\,dq \right\}$$

と計算が進展する.

積分の準備

右辺の積分の計算の準備として，まず次の積分を計算する.

$$\begin{aligned}\int \frac{9u^2(1-2u^3)}{(1+u^3)^3}\,du &= \int \frac{9(u^2-2u^5)}{(1+u^3)^3}\,du \\ &= \int \frac{9(3u^2-2u^2(1+u^3))}{(1+u^3)^3}\,du \\ &= \int \frac{27u^2}{(1+u^3)^3}\,du - \int \frac{18u^2}{(1+u^3)^2}\,du \\ &= -\frac{27}{6}\cdot\frac{1}{(1+u^3)^2} + \frac{6}{1+u^3} = \frac{3(1+4u^3)}{2(1+u^3)^2}\end{aligned}$$

これで等式

$$d\left(\frac{3(1+4u^3)}{2(1+u^3)^2}\right) = \frac{9u^2(1-2u^3)}{(1+u^3)^3}\,du$$

が得られた．これを念頭において部分積分を遂行すると，

$$\begin{aligned}\int \frac{9q^2u^2(1-2u^3)}{(1+u^3)^3}\,du &= \int q^2\,d\left(\frac{3(1+4u^3)}{2(1+u^3)^2}\right) \\ &= q^2 \times \frac{3(1+4u^3)}{2(1+u^3)^2} - \int 2q\,dq \times \frac{3(1+4u^3)}{2(1+u^3)^2} \\ &= \frac{3q^2(1+4u^3)}{2(1+u^3)^2} - \int \frac{3q(1+4u^3)}{(1+u^3)^2}\,dq\end{aligned}$$

と計算が進んでいく．よって，関数 z は

$$\begin{aligned}z &= qy + \frac{3q^2(1+4u^3)}{2(1+u^3)^2} - \int \frac{3q(1+4u^3)}{(1+u^3)^2}\,dq + \int \frac{9qu^3}{(1+u^3)^2}\,dq - \int y\,dq \\ &= qy + \frac{3q^2(1+4u^3)}{2(1+u^3)^2} - \int \frac{3q}{1+u^3}\,dq - \int y\,dq \\ &= qy + \frac{3q^2(1+4u^3)}{2(1+u^3)^2} - \int \left(y + \frac{3q}{1+u^3}\right) dq\end{aligned}$$

と表示される．それゆえ，

$$y + \frac{3q}{1+u^3}$$

は q のみの関数でなければならない．これを $-f'(q)$ とおく．すなわち，

$$y + \frac{3q}{1+u^3} = -f'(q).$$

$f'(q)$ はある関数 $f(q)$ の微分における dq の係数として現れる関数である．すなわち，$f(q)$ と $f'(q)$ は等式

$$df(q) = f'(q)\,dq$$

により結ばれている．これで 3 個の変数 x, y, z のそれぞれが 2 個のパラメータ q, u を用いて，

$$x = \frac{3qu}{1+u^3}$$
$$y = -\frac{3q}{1+u^3} - f'(q)$$
$$z = qy + \frac{3q^2(1+4u^3)}{2(1+u^3)^2} + f(q)$$

と表された．

もう少し変形を続ける．z の表示式において，y のところに $y = -\dfrac{3q}{1+u^3} - f'(q)$ を代入すると，

$$\begin{aligned} z &= q \times \left(-\frac{3q}{1+u^3} - f'(q)\right) + \frac{3q^2(1+4u^3)}{2(1+u^3)^2} + f(q) \\ &= 3q^2\left(-\frac{1}{1+u^3} + \frac{1+4u^3}{2(1+u^3)^2}\right) - qf'(q) + f(q) \\ &= \frac{3q^2(2u^3-1)}{2(1+u^3)^2} - qf'(q) + f(q) \end{aligned}$$

これで x, y, z の各々が q と u を用いて次のように表された．

$$x = \frac{3qu}{1+u^3}$$
$$y = -\frac{3q}{1+u^3} - f'(q)$$
$$z = \frac{3q^2(2u^3-1)}{(1+u^3)^2} - qf'(q) + f(q)$$

ここから q と u を消去すれば x, y, z を連繋する方程式が生じる．それが提示された微分方程式の解である．

一般解の変形を続ける

これで解の一般形が得られたが，なお変形を続ける．まず，

$$\frac{3}{1+u^3} = \frac{-y-f'(q)}{q}.$$

これを，z の表示式を変形してから代入すると，

$$\begin{aligned}
z &= \frac{3q^2(2u^3-1)}{2(1+u^3)^2} - qf'(q) + f(q) \\
&= \frac{3q^2(2(1+u^3)-3)}{2(1+u^3)^2} - qf'(q) + f(q) \\
&= \frac{3q^2}{1+u^3} - \frac{9q^2}{2(1+u^3)^2} - qf'(q) + f(q) \\
&= q^2 \times \frac{-y-f'(q)}{q} - \frac{q^2}{2} \times \left(\frac{-y-f'(q)}{q}\right)^2 - qf'(q) + f(q) \\
&= -qy - 2qf'(q) - \frac{1}{2}(y+f'(q))^2 + f(q)
\end{aligned}$$

となる．これで z が q と y を用いて表された．

また，

$$x = \frac{3qu}{1+u^3}$$

より

$$x = -u(y+f'(q)).$$

これより

$$u = -\frac{x}{y+f'(q)}.$$

他方，

$$y = -\frac{3q}{1+u^3} - f'(q)$$

より

$$(y+f'(q))(1+u^3) = -3q.$$

ここに

$$u = -\frac{x}{y + f'(q)}$$

を代入すると，

$$(y + f'(q))\left(1 + \left(\frac{-x}{y + f'(q)}\right)^3\right) = -3q.$$

それゆえ，

$$y + f'(q) - \frac{x^3}{(y + f'(q))^2} = -3q.$$

よって，

$$x^3 = 3q(y + f'(q))^2 + (y + f'(q))^3$$

となる．これで x が y と q を用いて表された．

ここまでの計算の結果を再掲すると，

$$z = -qy - 2qf'(q) - \frac{1}{2}(y + f'(q))^2 + f(q)$$
$$x^3 = 3q(y + f'(q))^2 + (y + f'(q))^3.$$

ここから q を消去すれば x, y, z を結ぶ方程式が生じる．

偏微分方程式の解の任意性はパラメータ q とともに関数 $f(q)$ にも依存する．常微分方程式の場合に比べて一般解の任意性はあまりにも大きい．

特別の解 (1)

$f(q)$ の形に応じていろいろな解が見つかるが，まず a は定数として，

$$f'(q) = a$$

の場合を考える．このとき，b は定数として

$$f(q) = aq + b.$$

式

$$x^3 = 3q(y + f'(q))^2 + (y + f'(q))^3$$

に

$$f'(q) = a$$

を代入すると，

$$x^3 = 3q(y+a)^2 + (y+a)^3.$$

これより

$$q = \frac{x^3 - (y+a)^3}{3(y+a)^2}$$

となる．これを z の表示式

$$z = -qy - 2qf'(q) - \frac{1}{2}(y + f'(q))^2 + f(q)$$

に代入すると，

$$\begin{aligned} z &= -qy - 2qa - \frac{1}{2}(y+a)^2 + qa + b \\ &= -qy - aq - \frac{1}{2}(y+a)^2 + b \\ &= -(y+a) \times \frac{x^3 - (y+a)^3}{3(y+a)^2} - \frac{1}{2}(y+a)^2 + b \\ &= -\frac{x^3 - (y+a)^3}{3(y+a)} - \frac{1}{2}(y+a)^2 + b \\ &= \frac{6b(y+a) - (y+a)^3 - 2x^3}{6(y+a)} \end{aligned}$$

これでひとつの特別の解が得られた．ここには2個の不定定数 a, b が入っている．

特別の解 (2)

もうひとつの特別の場合として，a は定数として，

$$f'(q) = a - 3q$$

となるときを考えてみよう．この場合，関数 $f(q)$ は

$$f(q) = b + aq - \frac{3}{2}q^2$$

という形になる．ここで，b もまた定数である．これらを等式

$$x^3 = 3q(y + f'(q))^2 + (y + f'(q))^3 = (y + f'(q))^2(y + 3q + f'(q))$$

に代入すると，

$$x^3 = (y+a-3q)^2(y+a), \quad (y+a-3q)^2 = \frac{x^3}{y+a}, \quad y+a-3q = \frac{x\sqrt{x}}{\sqrt{y+a}}$$

と計算が進んでいく．これより，

$$q = \frac{1}{3}(y+a) - \frac{x\sqrt{x}}{3\sqrt{y+a}}$$

となる．これを $f(q)$ と $f'(q)$ の表示式に代入すると，まず

$$f'(q) = a - 3 \times \left(\frac{1}{3}(y+a) - \frac{x\sqrt{x}}{3\sqrt{y+a}}\right) = \frac{x\sqrt{x}}{\sqrt{y+a}} - y$$

となる．次に，

$$\begin{aligned}
f(q) &= b + \frac{1}{3}a(y+a) - \frac{ax\sqrt{x}}{3\sqrt{y+a}} - \frac{3}{2}\left(\frac{1}{3}(y+a) - \frac{x\sqrt{x}}{3\sqrt{y+a}}\right)^2 \\
&= b + \frac{1}{3}a(y+a) - \frac{ax\sqrt{x}}{3\sqrt{y+a}} \\
&\quad - \frac{3}{2}\left(\frac{1}{9}(y+a)^2 - \frac{2(y+a)x\sqrt{x}}{9\sqrt{y+a}} + \frac{x^3}{9(y+a)}\right) \\
&= b + \frac{1}{6}(a^2 - y^2) + \frac{xy\sqrt{x}}{3\sqrt{y+a}} - \frac{x^3}{6(y+a)}.
\end{aligned}$$

これらを z の表示式に代入して計算を進めると，

$$\begin{aligned}
z &= -\left(\frac{1}{3}(y+a) - \frac{x\sqrt{x}}{3\sqrt{y+a}}\right) \times y \\
&\quad - 2 \times \left(\frac{1}{3}(y+a) - \frac{x\sqrt{x}}{3\sqrt{y+a}}\right) \times \left(\frac{x\sqrt{x}}{\sqrt{y+a}} - y\right) \\
&\quad - \frac{1}{2}\left(\frac{x\sqrt{x}}{\sqrt{y+a}}\right)^2 + b + \frac{1}{6}(a^2 - y^2) + \frac{xy\sqrt{x}}{3\sqrt{y+a}} - \frac{x^3}{6(y+a)} \\
&= b + \frac{1}{3}y(y+a) + \frac{1}{6}(a^2 - y^2) + \frac{yx\sqrt{x}}{3\sqrt{y+a}}(1 - 2 + 1) \\
&\quad + \frac{x^3}{y+a}\left(\frac{2}{3} - \frac{1}{2} - \frac{1}{6}\right) - \frac{2}{3}x\sqrt{x(y+a)} \\
&= b + \frac{1}{6}(y+a)^2 - \frac{2}{3}x\sqrt{x(y+a)}
\end{aligned}$$

となる．ここには2個の不定定数 a, b が入っている．

$a = 0,\ b = 0$ の場合

特に $a = 0,\ b = 0$ と置くと，解

$$z = \frac{1}{6}y^2 - \frac{2}{3}x\sqrt{xy}$$

が得られる．実際に解になっていることを確認するために微分計算を実行する．

$$p = \frac{\partial z}{\partial x} = -\sqrt{xy}, \quad q = \frac{\partial z}{\partial y} = \frac{1}{3}y - \frac{x\sqrt{x}}{3\sqrt{y}}$$
$$p^3 + x^3 = -xy\sqrt{xy} + x^3$$
$$3pq = 3 \times (-\sqrt{xy}) \times \left(\frac{1}{3}y - \frac{x\sqrt{x}}{3\sqrt{y}}\right) = x^2 - y\sqrt{xy}$$

これで等式 $p^3 + x^3 = 3pqx$ が成立することが判明した．

問題 2.7

$$\frac{\partial z}{\partial y} = \frac{x}{y}\frac{\partial z}{\partial x} + \frac{y}{x}$$

【解答】

関数 S の導入

提示された偏微分方程式は

$$q = \frac{xp}{y} + \frac{y}{x}$$

と表記される．これを代入すると，

$$dz = p\,dx + q\,dy = p\,dx + \left(\frac{px}{y} + \frac{y}{x}\right)dy$$
$$= p\left(dx + \frac{x\,dy}{y}\right) + \frac{y\,dy}{x}$$

と計算が進む．ここで，微分式 $dx + \dfrac{x\,dy}{y}$ は完全微分ではない．言い換える

と，何かある x, y の関数 $\varphi(x, y)$ の微分になって，等式 $d\varphi = dx + \dfrac{x\,dy}{y}$ が成立するということはありえない．だが，乗法子 y を乗じると完全微分になる．実際，等式

$$y \times \left(dx + \frac{x\,dy}{y}\right) = y\,dx + x\,dy = d(xy)$$

が成立する．そこで，

$$S = xy$$

とおくと，$x = \dfrac{S}{y}$ となる．これで x が y と S を用いて表された．

z を y, S を用いて表示する

$\dfrac{y}{x} = \dfrac{y^2}{S}$．これによって z もまた y と S の関数と見ることが可能になり，その微分は

$$dz = \frac{p\,dS}{y} + \frac{y^2\,dy}{S}$$

という形になる．dy の係数 $\dfrac{y^2}{S}$ において，S を定数と見て，これを y に関して積分すると，

$$T = \int \frac{y^2}{S}\,dy = \frac{y^3}{3S}$$

となる．これを 2 個の変数 y, S の関数と見て T の微分を作ると，

$$dT = -\frac{y^3\,dS}{3S^2} + \frac{y^2\,dy}{S}$$

となる．そこで，$f(S)$ は S の関数として，

$$\frac{p}{y} = -\frac{y^3}{3S^2} + f'(S)$$

とおくと，

$$dz = \left(-\frac{y^3}{3S^2} + f'(S)\right) dS + \left(\frac{y^2}{S}\right) dy.$$

それゆえ，

$$z = \frac{y^3}{3S} + f(S)$$

となるが，$S = xy$ であるから．

$$z = \frac{y^2}{3x} + f(xy).$$

これが提示された微分方程式の一般解である．関数 $f(xy)$ の任意性により多彩な解が現れる．

問題 2.8（弦の振動方程式）

$$\frac{\partial^2 z}{\partial y^2} = a^2 \frac{\partial^2 z}{\partial x^2} \quad (a \text{ は定量})$$

【解答】

振動する弦の方程式

ここに提示されたのは振動する弦の姿を描写する偏微分方程式である．オイラーの論文

> 「弦の振動について」([E140]．1748年．『ベルリン科学文芸アカデミー紀要』第4巻に掲載された．この掲載誌が実際に刊行されたのは1750年)

において詳細に論じられている．

変数の1次変換

4個の定数 $\alpha, \beta, \gamma, \delta$ を用いて，

$$t = \alpha x + \beta y, \quad u = \gamma x + \delta y$$

と置いて新たな変化量 t, u を導入する．微分計算を遂行すると，

$$\frac{\partial t}{\partial x} = \alpha, \quad \frac{\partial t}{\partial y} = \beta, \quad \frac{\partial u}{\partial x} = \gamma, \quad \frac{\partial u}{\partial y} = \delta$$

となる．引き続き，次のように計算が進む．

$$\frac{\partial z}{\partial x} = \frac{\partial t}{\partial x}\frac{\partial z}{\partial t} + \frac{\partial u}{\partial x}\frac{\partial z}{\partial u} = \alpha\frac{\partial z}{\partial t} + \gamma\frac{\partial z}{\partial u}$$

$$\frac{\partial z}{\partial y} = \frac{\partial t}{\partial y}\frac{\partial z}{\partial t} + \frac{\partial u}{\partial y}\frac{\partial z}{\partial u} = \beta\frac{\partial z}{\partial t} + \delta\frac{\partial z}{\partial u}$$

$$\frac{\partial^2 z}{\partial x^2} = \frac{\partial}{\partial x}\left(\alpha\frac{\partial z}{\partial t} + \gamma\frac{\partial z}{\partial u}\right)$$
$$= \alpha\left(\frac{\partial t}{\partial x}\frac{\partial^2 z}{\partial t^2} + \frac{\partial u}{\partial x}\frac{\partial^2 z}{\partial u\partial t}\right) + \gamma\left(\frac{\partial t}{\partial x}\frac{\partial^2 z}{\partial t\partial u} + \frac{\partial u}{\partial x}\frac{\partial^2 z}{\partial u^2}\right)$$
$$= \alpha\left(\alpha\frac{\partial^2 z}{\partial t^2} + \gamma\frac{\partial^2 z}{\partial u\partial t}\right) + \gamma\left(\alpha\frac{\partial^2 z}{\partial t\partial u} + \gamma\frac{\partial^2 z}{\partial u^2}\right)$$
$$= \alpha^2\frac{\partial^2 z}{\partial t^2} + 2\alpha\gamma\frac{\partial^2 z}{\partial t\partial u} + \gamma^2\frac{\partial^2 z}{\partial u^2}$$

$$\frac{\partial^2 z}{\partial y^2} = \frac{\partial}{\partial y}\left(\beta\frac{\partial z}{\partial t} + \delta\frac{\partial z}{\partial u}\right)$$
$$= \beta\left(\frac{\partial t}{\partial y}\frac{\partial^2 z}{\partial t^2} + \frac{\partial u}{\partial y}\frac{\partial^2 z}{\partial u\partial t}\right) + \delta\left(\frac{\partial t}{\partial y}\frac{\partial^2 z}{\partial t\partial u} + \frac{\partial u}{\partial y}\frac{\partial^2 z}{\partial u^2}\right)$$
$$= \beta\left(\beta\frac{\partial^2 z}{\partial t^2} + \delta\frac{\partial^2 z}{\partial u\partial t}\right) + \delta\left(\beta\frac{\partial^2 z}{\partial t\partial u} + \delta\frac{\partial^2 z}{\partial u^2}\right)$$
$$= \beta^2\frac{\partial^2 z}{\partial t^2} + 2\beta\delta\frac{\partial^2 z}{\partial t\partial u} + \delta^2\frac{\partial^2 z}{\partial u^2}$$

この計算の結果を提示された微分方程式

$$\frac{\partial^2 z}{\partial y^2} = a^2\frac{\partial^2 z}{\partial x^2}$$

に代入すると，

$$\beta^2\frac{\partial^2 z}{\partial t^2} + 2\beta\delta\frac{\partial^2 z}{\partial t\partial u} + \delta^2\frac{\partial^2 z}{\partial u^2} = a^2 \times \left(\alpha^2\frac{\partial^2 z}{\partial t^2} + 2\alpha\gamma\frac{\partial^2 z}{\partial t\partial u} + \gamma^2\frac{\partial^2 z}{\partial u^2}\right).$$

それゆえ，

$$(\beta^2 - \alpha^2 a^2)\frac{\partial^2 z}{\partial t^2} + 2(\beta\delta - \alpha\gamma a^2)\frac{\partial^2 z}{\partial t\partial u} + (\delta^2 - \gamma^2 a^2)\frac{\partial^2 z}{\partial u^2} = 0$$

という形になる．そこで 4 個の定数 $\alpha, \beta, \gamma, \delta$ を適切に定めて，

$$\beta^2 - \alpha^2 a^2 = 0, \quad \beta\delta - \alpha\gamma a^2 = -2a^2, \quad \delta^2 - \gamma^2 a^2 = 0$$

となるようにする．たとえば，

$$\alpha = 1, \quad \beta = a, \quad \gamma = 1, \quad \delta = -a$$

ととると，提示された微分方程式は

$$-4a^2 \times \frac{\partial^2 z}{\partial t \partial u} = 0,$$

すなわち

$$\frac{\partial^2 z}{\partial t \partial u} = 0$$

という形になる．x, y と t, u は1次式

$$t = x + ay, \quad u = x - ay$$

により相互に結ばれている．

偏微分方程式 $\frac{\partial^2 z}{\partial t \partial u} = 0$ を解く

$\frac{\partial z}{\partial u} = v$ と置くと，解くべき偏微分方程式は

$$\frac{\partial v}{\partial t} = 0$$

という形になる．u を定数と見ると，v は t のみの関数とみなされて，微分方程式 $dv = 0$ を満たす．それゆえ，v は u のみの関数と等値される．そこで $f(u)$ は u の関数として，

$$v = f(u)$$

と置く．

次に，u を変数と見ると，z は u のみの関数とみなされて，微分方程式

$$dz = f(u)\,du$$

を満たす．それゆえ，$F(t)$ は t のみの関数として，z は

$$z = \int f(u)\,du + F(t)$$

という形に表示される．$\int f(u)\,du$ をあらためて $f(u)$ と表記すると，

$$z = f(u) + F(t)$$

となる．

一般解

$t = x + ay,\ u = x - ay$ を代入すると，関数 z は

$$z = f(x - ay) + F(x + ay)$$

という形になる．これが弦の振動方程式の一般解である．

あとがき　曲線の理論から無限解析へ

曲線の理論にはじまる

今日の微分積分学の淵源をたどると，デカルトとフェルマの「曲線の理論」に出会います．デカルトは「幾何学に取り入れるべき曲線とは何か」という問いを立てて思索を重ね，次世代のライプニッツのいう「代数的な曲線」の範疇を切り取って提示し，曲線の姿を知ろうとする営為の根底に（接線法ではなく）法線法を据えた人物でした．これに対し，フェルマには「曲線とは何か」という形而上的な問いかけは見られませんが，デカルトの代数的な手法とはまったく異なる独自の接線法を考案し，代数曲線はもとよりサイクロイドや円積線のような超越的な曲線にも平然と接線を引きました．これに加えて同じ手法を極大極小問題にも適用したのはいかにも不思議なことで，ひときわ光彩を放っています．

フェルマの接線法にはどこかしら後年の微分法を思わせる特色が認められますが，代数方程式の重根条件に基礎を置くデカルトの法線法とは相容れるところがなかったようで，激しい対立が起った模様です．デカルトとフェルマがそれぞれメルセンヌに宛てて送付した書簡群を眺めると，往時の様子がうかがわれて見る者の感慨を誘います．

デカルトが亡くなったのは 1650 年 2 月 11 日．フェルマは 1665 年 1 月 12 日に亡くなりました．ライプニッツはデカルトとフェルマの存命中の 1646 年 7 月 1 日に生れています．

ライプニッツは「曲線とは何か」と問うデカルトの問いを継承し，曲線を「無限小の長さの線分が無限に連なって形成される多角形」と見るという姿勢を打ち出しました．曲線を折れ線で近似するのではなく，折れ線そのものが曲線なのだとライプニッツはいうのですが，その折れ線を構成する辺には長さがありません．二つの端点間の長さがない線分には「無限小」という言葉がぴったりあてはまります．

このような特異な視点に立脚して曲線を観察するとき，接線とは，曲線という無限多角形を構成する無限小の辺を延長して生成される無限直線のことにほかなりません．ライプニッツはこの観念を実現する計算法，いわば「万能の接線法」の発見に成功し，これによってあらゆる曲線に自在に接線を引くことができるようになりました．これが黎明期の微分法の姿です．代数曲線と超越曲線の差異を識別する必要はなく，このようなところにはフェルマの意志が継承されているような印象がありますが，ただひとつ，曲線を表す方程式が明示されているという一事がすべての前提として課されています．

接線法と極大極小問題はまったく異質の問題ですが，ライプニッツの微分法によりこれらを同じ手法で論じることができるようになりました．フェルマの数学的意志はここにもはっきりと継承されています．

逆接線法と微分方程式

曲線の方程式 $f(x, y) = 0$ が与えられたとき，ライプニッツが発見した微分計算を適用すると接線の方程式が書き下されます．それは

$$A\,dx + B\,dy = 0$$

という形の方程式で，dx, dy の係数 A, B の算出の仕方を教えてくれるのが微分計算の規則です．逆に接線の方程式が与えられたとき，もとの曲線の方程式を復元する方法を指して，ライプニッツは正しく逆接線法と呼びました．曲線で囲まれた領域に対し，微分法の力を借りて極小部分の面積を算出すると面素という名に相応しい無限小量

$$dS = X(\alpha)\,d\alpha$$

が得られます．ここで，α は計算の都合によりそのつど適切に選定されたパラメータ，$X(\alpha)$ は α の関数を表しています．

この等式 $dS = X(\alpha)\,d\alpha$ はそれ自体としては曲線とは無関係ですが，姿形を観察すると接線の方程式と同型です．そこでこれをどこかしらに存在している何らかの曲線の接線と思いなし，いわば「仮象の曲線」の方程式を書き下すことができたなら，その力を借りて面積 S はやすやすと手に入ります．曲線の弧長についても同様の手順が適用されます．ライプニッツはこのよう

にして認識の網の目にかかる仮象の曲線を「求積線」と呼びました．存在するか否かも判然とせず，眼前にあるのはただ曲線の接線の形をした方程式のみというありさまですが，一般に求積法という呼び名に相応しい計算手段がこうして手に入ります．それがライプニッツの積分法です．ベルヌーイ兄弟（兄のヤコブと弟のヨハン）という協力者も現れて，曲線の理論は完成の域に達しました．

接線の方程式は階数 1 の常微分方程式のように映じますし，しかもはじめから変数が分離した形で提示されています．そのため逆接線法という名のもとに出現したライプニッツの積分法は，今の目には微分方程式の解法理論の簡単な適用例のように見えるのですが，ライプニッツの数学的意図はもとより曲線の理論にありました．デカルトとフェルマに淵源し，ライプニッツに受け継がれた曲線の理論から浮遊して，その全容を俯瞰する地点を確保して微分法と積分法を構築したのは，ヨハン・ベルヌーイを数学の師匠にもつレオンハルト・オイラーその人でした．

常微分方程式から偏微分方程式へ

オイラーが創造したのは，変化量 $x, y, z, \ldots$ とそれらの微分 $dx, dy, dz, \ldots$（階数 1 の微分），$d^2x, d^2y, d^2z, \ldots$（階数 2 の微分），$\ldots$ を素材として組立てられる無限解析の世界でした．ライプニッツの接線法は微分計算へと変容し，逆接線法は微分方程式論の雛形になりました．微分方程式の解は関数の形に表示されることもありますが，一般に変化量と変化量を連繫する関係式が出現します．二つの変化量 x, y の関係式であれば曲線の方程式とみなされますし，曲線の理論の立場から見れば概形を描くことが重要な課題になります．本書でも曲線の理論に由来する常微分方程式にときおり出会いますが，ライプニッツの時代の曲線の理論の面影がそのつどしみじみとしのばれます．

常微分方程式の解法の現場では無限解析の多彩な技巧が駆使されて，複雑な形の微分方程式の解が次々と書き下されていきますが，偏微分方程式になると複雑さの度合いは一段と高まります．常微分方程式の一般解に不定定数が混在するのに対し，偏微分方程式の場で一般解に出現するのは不定定数ではなく不定関数です．x に依存せず，しかも定量ではない何らかのもの．y に依存せず，しかも定量ではない何らかのもの．そのようなものを言い表すのに，オイラーは「関数」の一語をもって応じました．関数概念が真に要請されるのはこのような場面です．

本書で採取した偏微分方程式の問題は少数にとどまりましたが，稿をあらためて，オイラーが提案した偏微分方程式の数々を紹介する問題集を編みたいと望んでいます．偏微分方程式論の先には変分法が開かれていて，さらにその先には，というふうで，オイラーが創造した数学的世界は茫洋としてどこまでも果てしなく広がっています．

平成30年（2018年）7月22日

高瀬正仁

参考文献

高瀬正仁『古典的難問に学ぶ微分積分』（共立出版，2013 年）

高瀬正仁『dx と dy の解析学―オイラーに学ぶ　増補版』（日本評論社, 2015 年）

高瀬正仁『微分積分学の史的展開―ライプニッツから高木貞治まで』（講談社サイエンティフィク，2015 年）

高瀬正仁『微分積分学の誕生―デカルト『幾何学』からオイラー『無限解析序説』まで』（SB クリエイティブ，2015 年）

高瀬正仁『古典的名著に学ぶ微積分の基礎』（共立出版，2017 年）

レオンハルト・オイラー（高瀬正仁 訳）『オイラーの無限解析』（『無限解析序説』第 1 巻の邦訳書．海鳴社，2001 年）

レオンハルト・オイラー（高瀬正仁 訳）『オイラーの解析幾何』（『無限解析序説』第 2 巻の邦訳書．海鳴社，2005 年）

索　引

著者紹介

高瀬　正仁（たかせ　まさひと）

昭和 26 年（1951 年）　群馬県勢多郡東村（現在，みどり市）に生まれる．
数学者・数学史家．専攻は多変数関数論と近代数学史．
元 九州大学 教授．歌誌『風日』同人．

平成 20 年（2008 年）　九州大学全学教育優秀授業賞受賞．

平成 21 年（2009 年）　2009 年度日本数学会賞出版賞受賞．

著訳書『数学史のすすめ』（日本評論社，2017）
『古典的名著に学ぶ微積分の基礎』（共立出版，2017）
『リーマンと代数関数論』（東京大学出版会，2016）
『高木貞治とその時代：西欧近代の数学と日本』（東京大学出版会，2014）
『岡潔とその時代：評傳岡潔：虹の章 1：正法眼藏』（みみずく舎，2013）
『岡潔とその時代:評傳岡潔:虹の章 2:龍神温泉の旅』（みみずく舎，2013）
『古典的難問に学ぶ微分積分』（共立出版，2013）
『ガウスの《数学日記》』（翻訳・解説，日本評論社，2013）
他多数

オイラーの難問に学ぶ微分方程式

Studying Differential Equations Through Euler's Difficult Problems

2018 年 9 月 25 日　初版 1 刷発行

著　者　高瀬正仁 © 2018

発行者　南條光章

発行所　**共立出版株式会社**
〒 112–0006
東京都文京区小日向 4 丁目 6 番 19 号
電話 03–3947–2511（代表）
振替口座 00110–2–57035
www.kyoritsu-pub.co.jp

印　刷　藤原印刷

製　本　ブロケード

一般社団法人
自然科学書協会
会員

検印廃止
NDC 413.6

ISBN 978–4–320–11342–8

Printed in Japan